近代物理实验

付正坤　高　洁　高健智　主编

电子工业出版社·
Publishing House of Electronics Industry
北京·**BEIJING**

内 容 简 介

本书选取了原子物理、激光、核物理、真空、X 射线和微弱信号检测等领域的 18 个实验，重点阐述了近代物理实验中涉及的物理思想，将基础理论与实验技术相结合，强调了自主学习和研究性学习的教学理念，有助于开展多层次实验教学，包括用于提高学生对实验方法和实验技能综合运用能力的综合性实验，以及用于培养学生创新能力的设计性实验。

本书可作为高等院校物理学专业或相近专业的近代物理实验课程教材，也可作为从事近代物理实验教学工作的教师、工程技术人员的参考书。

图书在版编目（CIP）数据

近代物理实验 / 付正坤，高洁，高健智主编.

北京 ： 电子工业出版社，2024. 12. -- ISBN 978-7-121-49359-1

Ⅰ. O41-33

中国国家版本馆 CIP 数据核字第 2024DK9630 号

责任编辑：张天运

印　　刷：北京虎彩文化传播有限公司

装　　订：北京虎彩文化传播有限公司

出版发行：电子工业出版社

　　　　　北京市海淀区万寿路 173 信箱　　邮编：100036

开　　本：787×1 092　1/16　印张：10　字数：250 千字

版　　次：2024 年 12 月第 1 版

印　　次：2024 年 12 月第 1 次印刷

定　　价：35.00 元

凡所购买电子工业出版社图书有缺损问题，请向购买书店调换。若书店售缺，请与本社发行部联系，联系及邮购电话：（010）88254888，88258888。

质量投诉请发邮件至 zlts@phei.com.cn，盗版侵权举报请发邮件至 dbqq@phei.com.cn。

本书咨询联系方式：dujun@phei.com.cn。

前　　言

近代物理实验是在普通物理实验和电子学实验的基础上，从近代物理主要领域中选取的一些基本实验，许多选题来自在物理学发展史上具有重要影响的物理学家的研究课题，覆盖了量子力学、激光、光电子学、X 射线和电子衍射、半导体物理学、光谱学、微波技术、电子技术等多个物理学科。近代物理实验是培养学生的创新思维和实践能力的一个重要教学环节，是物理学专业的必修课。近代物理实验涉及的基础知识面广，对各方面近代技术的要求高，是大学生学习如何将基础知识与近代先进技术相结合的重要基础实验课程。这门课程要求学生独立完成实验的全过程，并通过实验了解近代物理学发展过程中具有代表性的科学实验，以在实验技术、方法及实验思想上受到启发，为今后的学习和研究工作奠定良好的基础。

本书力求突出近代物理实验的设计思想，加强学生的独立工作和逻辑思维能力，使学生学会如何应用近代实验方法研究物理现象和规律，加深对物理现象和规律的理解。在结构方面，本书从大学生的认知特点、教学规律出发，将学生的专业知识与现代科学技术相结合，涉及的技术包括低温与真空技术、磁共振及微波技术、材料分析技术、光谱与激光技术等，用现代科学技术审视传统物理内容，强调物理学新进展与专业知识的联系，如 X 射线衍射与固体物理中倒格子空间的关系。在内容组织方面，本书选取能够反映固体物理、原子与分子物理、量子力学、电动力学、激光物理等领域的基本物理现象和规律，并且在实验方法与技术上有代表性的实验。

本书是集体智慧的结晶，本书的编者都是长期从事近代物理实验教学工作的一线教师，编写分工如下：付正坤、严蕾、卢红兵编写了第 1 章误差理论和实验数据处理、第 3 章用 CCD 电视显微油滴仪测电子电荷、第 4 章塞曼效应、第 5 章激光全息照相、第 7 章组合式多功能光栅光谱仪及其应用、第 9 章用双光束紫外-可见分光光度计测量溶液的吸收率、第 13 章 X 射线衍射、第 17 章单光子计数、第 19 章核磁共振；张建民、高健智、潘明虎、丁皓璇编写了第 2 章夫兰克-赫兹实验、第 8 章激光拉曼散射、第 11 章超高真空薄膜生长、第 12 章扫描隧道显微镜的应用；高洁、沈壮志编写了第 6 章黑体辐射、第 10 章真空获得与真空镀膜的应用、第 14 章微波段电子自旋共振、第 15 章光磁共振、第 16 章微波实验、第 18 章微弱信号检测。本书初稿完成后，由付正坤统一修改定稿。

由于编者水平有限，书中难免有不足之处，恳请读者批评指正。

编　者

2024 年 5 月

目 录

第1章 误差理论和实验数据处理

人类在生产和生活中离不开对各种物理量的测量，在测量的过程中不可避免地会因为仪器的限制、测量方法、测量者或其他因素的影响而产生误差。为了解决这个问题，科学家们发展了误差理论，对实验结果进行处理，以使测量结果更加接近真值。随着科技的发展，测量技术越来越先进，测量结果的精确度不断提高，但是近代物理实验涉及的实验技术和实验装置比较复杂，很多时候实验结果也会出现一定的起伏。因此，只有系统地掌握误差理论，对实验结果进行科学的处理和分析，才能通过实验获得准确的数据和合理的解释。

1.1 误差的类别及产生原因

误差描述的是测量值与真值之间的差异。真值是指在特定条件下，在排除一切不确定因素的理想情况下的测量结果，因此我们很难确定真值的大小。通常情况下，我们用到的真值包括理论真值、约定真值和相对真值。在实际应用中，人们往往在没有系统误差的情况下进行多次测量，将多次测量结果的平均值作为最可信赖值。

误差可以分为绝对误差和相对误差。绝对误差指的是测量值与真值之差，直接反映了测量结果偏离真值的程度；相对误差指的是绝对误差与真值的比值。在实际应用中，由于真值的不同，两种不同场合下相同的绝对误差可能对应截然不同的相对误差。人们可以根据需要选择合适的误差表达方式。

根据产生原因，误差主要分为系统误差和随机误差。

系统误差指的是在相同条件下对某个量进行多次测量时的测量结果与真值之间产生的误差。系统误差主要由实验装置、测量原理、环境条件、测量者的技术水平等因素引起。系统误差又可以分为两类：一类是绝对误差或相对误差，其大小固定，一般由实验装置或测量原理引起，在掌握其产生原因的情况下可以设法消除或减小这类误差；另一类是可观测的外界因素变化带来的误差，其大小不固定，有经验的测量者可以通过采用恰当的测量方法减小这类误差。

随机误差指的是在相同条件下对某个量进行多次测量时由一些不可预知的外界因素带来的测量结果的变化。随机误差可大可小、可正可负。由于随机误差是由很多不可控因素带来的，因此测量结果不具有重复性。实验中多次测量的结果会呈现出一定的规律，随机误差一般处在某个范围内，且出现概率最大的值一般对应随机误差的最小值。单次测量无法消除随机误差，可以通过多次测量同时利用统计学的方法减小随机误差并估算随机误差。

由于系统误差和随机误差一般在测量过程中同时存在，因此要根据实际情况对其进行处理。如果系统误差远大于随机误差，则可以只考虑系统误差；如果系统误差在经过处理后远小于随机误差，则可以只考虑随机误差；如果两类误差为同一个数量级，则需要采用不同方法同时对其进行处理。

此外，有时还会提到第三种误差，即粗大误差，它指的是明显偏离真值的测量结果，其可能是某些意外（如环境变化、仪器故障、操作失误等）导致的错误结果。在确定误差为粗大误差的情况下，可以在计算平均值时将其剔除。在处理粗大误差时必须谨慎，因为有时某些看似偏离真值的实验结果中可能包含某些我们尚未认识的事物或原理，随意地舍去偏差较大的实验结果可能会导致错过重大发现。

1.2   误差估算和不确定度

由于测量过程中的误差无法避免，所以我们无法获得真值，也无法确定误差的真实大小，只能获得近似的误差。

对于直接测量产生的误差，可以将实验重复 n 次，记第 i 次的测量结果为 x_i，平均值为 $\bar{x}$，真值为 a，当 n 较大时，有

$$\bar{x} = \frac{\sum\limits_{i=1}^{n} x_i}{n} \approx a \qquad (1\text{-}1)$$

即对于有限次的测量，可以将平均值看作真值的最佳估计值。

算术平均误差为

$$\delta = \frac{\sum\limits_{i=1}^{n} |x_i - \bar{x}|}{n} \qquad (1\text{-}2)$$

算术平均误差考虑了随机误差带来的影响，但不能体现重复测量结果的分布情况，也不能反映测量的精确度。标准偏差对测量结果的较大误差比较敏感，是目前应用较多的误差表达方式。标准偏差并不等同于误差，它体现的是误差的存在使测量结果不能被确定的程度，即不确定度。误差无法准确获得，但不确定度可以根据测量结果的分布情况，通过理论计算获得。测量值的标准偏差为

$$\sigma_{n-1} = \sqrt{\frac{\sum\limits_{i=1}^{n} (x_i - \bar{x})^2}{n-1}} \qquad (1\text{-}3)$$

平均值的标准偏差为

$$\Delta x = \frac{\sigma_{n-1}}{\sqrt{n}} = \sqrt{\frac{\sum\limits_{i=1}^{n} (x_i - \bar{x})^2}{n(n-1)}} \qquad (1\text{-}4)$$

测量结果表示为

$$x = \bar{x} \pm \Delta x \qquad (1\text{-}5)$$

以服从正态分布的测量结果为例，式（1-5）意味着真值 a 处于 $\bar{x} - \Delta x$ 和 $\bar{x} + \Delta x$ 之间的概率为 68.3%，处于 $\bar{x} - 3\Delta x$ 和 $\bar{x} + 3\Delta x$ 之间的概率为 99.7%。当然，这是以数据量足够大为前提的，当数据量较小时，随机变量服从 t 分布。

1.3   概率统计基础

在多次测量中，除系统误差和随机误差带来的测量结果的差异以外，有时被测量物体本

身也存在着不确定性。即使在理想的实验条件下进行测量，测量结果也会产生一定的起伏，此时我们就需要利用数理统计和概率论方法来处理实验数据，为进一步的研究提供可靠的依据。

以掷骰子为例，我们在相同条件下进行了 N 次投掷，点数为 1 的情况称为事件 1，事件 1 发生的次数为 N_1，则事件 1 发生的频率为 N_1/N。当投掷次数 N 趋于无穷大时，事件 1 发生的概率为

$$P_1 = \lim_{N \to \infty} \frac{N_1}{N} \tag{1-6}$$

在上面的例子中，点数为随机变量，其取值范围为 6 个离散的数值，这类随机变量被称为离散型随机变量。与之相对的是连续型随机变量，如某特定压力和温度下单个气体分子的运动速率。

显然，在随机变量的测量中，人们不仅关心随机变量的可能取值范围，还关心每个可能值出现的概率。如果用分布函数 $P(x)$ 表示随机变量取值小于 x 的总概率，则有

$$P(x = -\infty) = 0 \tag{1-7}$$
$$P(x = +\infty) = 1 \tag{1-8}$$

离散型随机变量的概率分布可以用 $P(x_i)$ 描述，表示随机变量取值为 x_i 的概率，因此有

$$\sum P(x_i) = 1 \tag{1-9}$$

对于连续型随机变量，讨论随机变量为某一数值的概率没有任何意义，因此我们利用概率密度函数 $f(x)$ 进行分析。假设随机变量取值小于 x 和 $x + \Delta x$ 的总概率分别为 $P(x)$、$P(x + \Delta x)$，则有

$$f(x) = \lim_{\Delta x \to 0} \frac{P(x + \Delta x) - P(x)}{\Delta x} = \frac{dP(x)}{dx} \tag{1-10}$$

类似地，概率密度函数满足归一化条件：

$$\int_{-\infty}^{+\infty} f(x)dx = 1 \tag{1-11}$$

下面简单介绍几种常见的概率分布。

1．二项式分布

在很多测量，尤其是微观测量中，测量结果会出现非此即彼的情况，即某事件有发生和不发生两种可能，这是一个典型的离散型概率分布。记事件发生的概率为 p，不发生的概率为 q，如果独立重复测量 n 次，则该事件发生 k 次的概率为

$$P_n(k) = C_n^k p^k q^{n-k} = \frac{n!}{k!(n-k)!} p^k q^{n-k}, \quad k \leqslant n, \quad p + q = 1 \tag{1-12}$$

由于 $(p + q)^n$ 的二项式展开为

$$(p + q)^n = \sum_{k=0}^{n} P_n(k)$$

所以式（1-12）被称为二项式分布。二项式中的参数 n 和 p 相互独立，所以二项式分布经常写作：

$$P_n(k, n, p) = \frac{n!}{k!(n-k)!} p^k q^{n-k} \tag{1-13}$$

随机变量 k 的期望值可以表示为

$$\langle k \rangle = \sum_{k=0}^{n} \frac{n!}{k!(n-k)!} p^k q^{n-k} = np \tag{1-14}$$

其方差为

$$\begin{aligned}
\sigma^2(k) &= \langle k^2 \rangle - \langle k \rangle^2 \\
&= \sum_{k=0}^{n} \frac{k^2 n!}{k!(n-k)!} p^k q^{n-k} - n^2 p^2 \\
&= np - np^2
\end{aligned} \tag{1-15}$$

2．泊松分布

上述的二项式分布，当 p 较小、n 较大时，可近似为泊松分布。

记随机变量 k 的期望值 $np = \lambda$，若 $n \to \infty$，则随机变量 k 发生的概率 $P(k)$ 为

$$\begin{aligned}
P(k) &= \lim_{n \to \infty} C_n^k p^k q^{n-k} = \lim_{n \to \infty} \frac{n!}{k!(n-k)!} p^k q^{n-k} \\
&= \frac{1}{k!} \lim_{n \to \infty} \frac{n!}{(n-k)!} p^k q^{n-k} = \frac{1}{k!} \lim_{n \to \infty} p^k q^{n-k} \lim_{n \to \infty} \frac{n!}{(n-k)!} \\
&= \frac{1}{k!} \lim_{n \to \infty} p^k q^{n-k} n^k = \frac{1}{k!} \lim_{n \to \infty} p^k n^k \lim_{n \to \infty} q^{n-k} \\
&= \frac{\lambda^k}{k!} \lim_{n \to \infty} (1 - np) \\
&= \frac{\lambda^k}{k!} e^{-\lambda}
\end{aligned}$$

在泊松分布下，随机变量 k 的期望值可以表示为

$$\langle k \rangle = np = \lambda \tag{1-16}$$

其方差为

$$\sigma^2(k) = np - np^2 \approx np = \lambda \tag{1-17}$$

这里需要指出的是，虽然期望值和方差的大小相同，但其量纲并不一样。

3．均匀分布

如果某随机变量在区间 $[a,b]$ 内均匀分布，即在区间内任一点取值的概率相同，则称为均匀分布，这是连续型随机变量分布中最简单的一种。均匀分布的概率密度函数为

$$f(x) = \begin{cases} \dfrac{1}{b-a}, & a \leqslant x \leqslant b \\ 0, & x < a \text{ 或 } x > b \end{cases} \tag{1-18}$$

其期望值为

$$\langle x \rangle = \frac{a+b}{2} \tag{1-19}$$

其方差为

$$\sigma^2(x) = \frac{(a-b)^2}{12} \tag{1-20}$$

4．正态分布

正态分布有时也被称为高斯分布。如果某个测量中的随机变量由许多微弱的因素共同决

定，那么该随机变量的取值近似服从正态分布。由于很多随机变量都服从正态分布，所以正态分布在数学、物理、工程等领域有着广泛的应用。由于随机误差的影响，物理测量中的测量值表现为在平均值附近上下起伏，起伏对称，接近平均值的结果出现的概率较大。因此，正态分布曲线具有两头低、中间高、左右对称的特点。正态分布的概率密度函数为

$$f(x) = \frac{1}{\sqrt{2\pi}\sigma} e^{\frac{(x-\mu)^2}{2\sigma^2}} \qquad (1\text{-}21)$$

利用数学知识可以计算出其拐点为 $x = \mu \pm \sigma$，其期望值为

$$\langle x \rangle = \int_{-\infty}^{+\infty} x f(x)\, dx = \mu \qquad (1\text{-}22)$$

其方差为

$$\sigma^2(x) = \int_{-\infty}^{+\infty} (x - \mu)^2 f(x)\, dx = \sigma^2 \qquad (1\text{-}23)$$

由此可见，参数 μ 和 σ 完全决定了正态分布的情况。如果不考虑系统误差，期望值 μ 就是待测物理量的真值，它决定了正态分布的中心位置；σ 的大小决定了测量值偏离期望值的程度，σ 越大，表示随机误差对测量的影响越大。

在实际应用中，先通过多次重复测量获得随机变量出现不同结果的概率，然后通过计算软件利用正态分布公式进行拟合，便可获得期望值和方差。图 1-1 中的黑点代表随机变量取某值的相对概率，黑线为正态分布拟合曲线。由于实验中始终存在系统误差，所以期望值并不一定等于真值，利用概率统计学的知识可以计算出，真值处在 $\mu \pm \sigma$ 范围内的概率约为 68.3%，真值处在 $\mu \pm 2\sigma$ 范围内的概率约为 95.4%，真值处在 $\mu \pm 3\sigma$ 范围内的概率约为 99.7%。

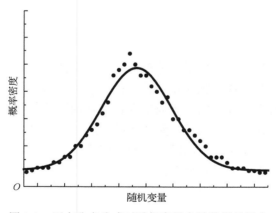

图 1-1　正态分布公式对随机变量实验数据的拟合

1.4　系统误差的分析和处理

系统误差是一种大小固定或有规律变化的误差，单纯地进行多次重复测量取平均值，并不能有效消除系统误差。在某些情况下，系统误差带来的影响可能远远超过随机误差，使得对随机误差的估算和处理变得毫无意义。因此，我们必须针对具体的实验进行具体的分析，先找出系统误差产生的主要原因，再设法消除或减小系统误差，使测量结果尽可能接近真值。由于真值无法获知，所以系统误差通常是通过与理论值、标准值或精度更高的仪器的测量结

果进行对比来确定的。此外，为了消除周期性变化因素带来的误差，有时我们会在某段时间内进行多次重复测量取平均值。

系统误差根据来源大致可以归纳为以下几类。

一是实验装置带来的误差。以电学类仪器为例，其在工作过程中往往有标准电压、电流、电阻或三角波、矩形波信号等前提条件，由于这些前提条件本身就不可避免地带有误差，因此实验结果也会有相应的误差。

二是理论误差，即测量过程所依据的理论本身并不完善或为了计算简单进行了一定的近似处理，忽略了影响较小的参数或高阶项。这类误差往往是已知的，在需要时可以通过修正的方法消除。

三是观察误差。在某些测量中，同一个测量结果可能会受观察者心理或生理的影响而被记录为不同的数值。随着科技的进步和仪器的发展，在精密测量中这类误差越来越小，并且目前有科学家正在尝试让机器通过深度学习来代替人类完成复杂的测量，以尽量减小观察误差。

四是环境误差。在测量过程中，环境温度、压力等可能会因为测量活动而发生变化，导致无法进行完全相同的测量从而产生误差。

为了减小测量带来的系统误差，我们应该在实验之前熟悉仪器的工作原理和理论基础，对可能产生系统误差的环节进行仔细分析，尽可能从源头上减小系统误差；要熟悉仪器的安装和操作要求，避免操作不当带来的系统误差；要注意外界环境对测量过程的影响，尽可能在合适的、稳定的环境中进行测量。

具体到实际的测量中，测量者经常采用不同的方法以消除或减小系统误差。常用的方法有以下几种。

1. 抵消法

有些测量仪器或系统带来的系统误差从原理上看不可能被消除，并且很难准确测量其大小，但如果某种操作可以改变该系统误差的正负情况，则可以利用抵消法对其进行修正。典型的例子是螺旋测微器的空行程问题，该问题会在螺杆的不同部位引起不同的系统误差，而在给定的部位系统误差是固定的。为了消除该系统误差，可以从两个方向进行读数，先顺时针旋转，读数并记录结果，再逆时针旋转，读数并记录结果，取两次读数的平均值，便可得到消除了空行程问题引起的系统误差的读数。

2. 替代法

在一定的条件下，在对某个未知量进行测量后，用一个标准量物体替换未知量物体，如果仪器显示值一致，则可认为未知量物体与标准量物体的值一致，达到了消除系统误差的目的。例如，在用天平称量物体时，为了消除天平两臂不等长带来的系统误差，先将被测物与砝码或其他物体分别置于天平的砝码盘与物盘，通过改变物盘中物体的质量使两盘平衡，然后用砝码代替被测物，通过增减砝码盘中砝码的质量使两盘平衡，此时砝码盘中砝码的质量即被测物的质量，与天平两臂长短是否一致无关。

3. 对换测量法

对换测量法是指，根据误差产生的原因，将测量中的某些条件相互交换，使产生系统误差的原因对测量结果起相反的作用，从而抵消系统误差。例如，在用电桥测电阻的实验中，

有 $R_x = R_s R_1 / R_2$，为了消除 R_1 和 R_2 带来的系统误差，可将 R_x 与 R_s 互换，有 $R_s' = R_x R_1 / R_2$，联合两式可得 $R_x = \sqrt{R_s' R_s}$ 。

4．对称观测法

对称观测法主要用来消除被测量的值随时间线性变化带来的系统误差。例如，在用比较法测电阻时，由于电池电压随放电而降低，因此电流也会随时间变化，如果近似认为电流的变化是线性变化，则在安排测量方法时采用等时距对称观测法，对对称点测量结果取平均值，计算结果将不受电流随时间线性减小的影响，实现了消除系统误差的目的。

5．半周期偶次测量法

半周期偶次测量法是消除周期性系统误差的方法之一，使用该方法的前提是已知系统误差的变化周期。例如，按正弦规律变化的周期性系统误差在 0°、180°、360° 处为零，在其他任何相差半个周期的两对应点处系统误差均大小相等、符号相反。因此，如果每两次测量的间隔为半个周期，则取平均值后的测量结果不受该系统误差的影响，从而可消除这种系统误差。

6．实时反馈修正法

对于实验过程中出现的温度变化、湿度变化等外界因素带来的系统误差，可以通过实时反馈修正法进行实时修正。通常情况下，外界环境的变化利用传感器感知并转换成信号反馈给控制系统，控制系统可以是计算机，也可以是简单的反馈电路。控制系统根据反馈信号发出相应的指令，系统根据指令执行相应的操作，以维持环境条件的稳定，避免产生额外的系统误差。

1.5 数据的处理

进行测量通常是为了获得某个物理量的值，或者某几个物理量之间的变化关系。针对不同的情况，可以采用不同的数据处理方法。常见的数据处理方法有以下几种。

1．列表法

列表法是指将实验数据列表，并标明各物理量的名称和单位，有效数字位数保持一致，表中可包含原始测量数据、中间计算结果和最终结果。列表法简单明了，有助于发现错误数据和总结实验规律。

2．作图法

利用作图法可以将自变量和因变量之间的关系清晰地反映出来，并且可以比较准确地计算出有关常数。在手工作图时一般需要采用坐标纸，以尽量减小误差。另外，借助计算机软件可以更快、更准确地完成作图。在作图时，坐标可以选择线性坐标、对数坐标等，坐标轴上要标明刻度和单位。为了便于对比，在同一幅图中可以画入多组数据，不同数据用不同符号表示以便区分。

3．逐差法

逐差法又称环差法，多用于处理等间隔线性变化的测量数据。以测量原长为 x_0 的弹簧的平均伸长量为例，为了减小误差，通常采用每次增加质量相同的砝码，依次记录弹簧长度的方法来获得多个测量数据。每增加一个砝码弹簧的伸长量为 Δx_i，如果利用平均值的方法对所有值取平均值，则实际结果为 $\overline{\Delta x} = (x_{2n} - x_0)/2n$，其中 $2n$ 为测量数据个数，x_{2n} 为增加 $2n$ 个砝码时弹簧的长度，平均值大小只与弹簧的初始长度和最终长度有关，其他数据并不能被纳入统计范围。利用逐差法，将测量数据分为两组，第一组为 x_1 到 x_n，第二组为 x_{n+1} 到 x_{2n}，将两组中对应的数据求差后取平均值，有

$$\overline{\Delta x} = \frac{\sum_{i=1}^{n}(x_{n+i} - x_i)}{n} \tag{1-24}$$

可以看出，逐差法利用了所有的测量数据，可以有效地减小误差。

4．插值法

有时某些原因使我们无法对待测点直接进行测量，这时就可以利用相邻测量点的数据来计算未知点的数据，这种方法叫作插值法。常用的插值法有作图插值法、比例插值法、牛顿内插值法和外推法。作图插值法是指先将测量数据描绘成曲线，然后找出待测点对应位置的坐标；比例插值法是指将相邻两个已知点之间的连线近似为直线，即局部的线性关系；牛顿内插值法是指通过多级插值的方法将测量数据的曲线用一个近似的多项式来表示，从而可求得任意位置的数值；外推法是指在直线或曲线斜率变化不大的情况下对测量范围之外的数据进行预测。

5．列表计算微积分法

在计算微商时，如果要求不高，则可以利用作图法在曲线上获取各点的微商 $\Delta y/\Delta x$；如果要求高，则需要利用牛顿内插值法计算。列表计算微积分法是一种粗略计算积分的方法，即用折线代替曲线，若干折线与坐标轴围成的梯形面积的总和近似为积分结果。

6．最小二乘法

在研究两个有函数关系的物理量时，实际上要做的是通过拟合实验数据，确定它们的函数曲线。在多数情况下，两个观测量之间的函数关系是已知的，实验测量的目的是计算其中的未知参量。下面以直线拟合为例，简单介绍最小二乘法。

在研究两个物理量之间的函数关系时，将精度较高的物理量记作自变量 x，将精度较低的物理量记作因变量 y，通过实验测得多组数据：$(x_1, y_1), (x_2, y_2), \cdots, (x_m, y_m)$。令直线方程为

$$y = ax + b$$

式中，a 和 b 为任意实数。根据最小二乘法原理，需要找到合适的 a 和 b，使实测值 y_i 与计算值 y 之差的平方和最小。我们一般只能得到 a 和 b 的估计值，分别记作 $\hat{a}$ 和 $\hat{b}$，有

$$\hat{a} = \frac{\overline{x} \cdot \overline{y} - \overline{xy}}{\overline{x}^2 - \overline{x^2}} \tag{1-25}$$

$$\hat{b} = \overline{y} + \hat{a}\overline{x} \tag{1-26}$$

拟合函数的精度可以用最小二乘法的相关系数 r 来表示：

$$r = \frac{\sum_{i=1}^{n}(x_i - \overline{x})(y_i - \overline{y})}{\sqrt{\sum_{i=1}^{n}(x_i - \overline{x})^2}\sqrt{\sum_{i=1}^{n}(y_i - \overline{y})^2}} = \frac{\overline{xy} - \overline{x} \cdot \overline{y}}{\sqrt{(\overline{x^2} - \overline{x}^2)(\overline{y^2} - \overline{y}^2)}} \tag{1-27}$$

r 的绝对值越接近 1 表示拟合效果越好，越接近 0 表示拟合效果越差。

第2章　夫兰克-赫兹实验

在丹麦物理学家玻尔（Bohr）结合卢瑟福的原子核模型提出原子定态能级和能级跃迁的概念之后，物理学家们就迫切希望在实验中找到直接的证据来证明波尔理论的正确性。夫兰克-赫兹实验采用低能电子与稀薄汞蒸气中原子碰撞的方法，通过分析电子流能量的变化规律，直接证明了原子能级的存在。在本实验中，我们将一起通过对汞原子第一激发电位的测量，掌握利用夫兰克-赫兹实验研究原子能级的实验方法，并建立原子与电子通过碰撞发生的能量传递过程的微观图像。

2.1　实验背景

1914 年，夫兰克（J. Frank）和赫兹（G. Hertz）采用低能电子碰撞气态汞原子的方法，测出了汞原子的激发电位和电离电位，证明了原子能级的存在，为玻尔提出的原子结构理论提供了有力的实验证据，他们也因此获得了 1925 年的诺贝尔物理学奖。

原子从基态（E_1）向激发态（E_n）跃迁，可以通过吸收一定频率（ν）的光子实现，为此应有

$$h\nu = E_n - E_1 \qquad\qquad (2\text{-}1)$$

式中，h 为普朗克常量。该跃迁也可以通过与具有一定能量的电子碰撞实现。若与原子碰撞的电子通过加速电压 U 获得了能量 eU，则只要满足

$$eU = E_n - E_1 \qquad\qquad (2\text{-}2)$$

原子就从基态（E_1）跃迁到激发态（E_n）。当原子吸收由电子传递的能量 eU 后从基态跃迁到第一激发态时，相应的 U 被称为原子的第一激发电位（或中间电位）。

2.2　实验目的

（1）认识原子内部存在能级。
（2）测定氩原子的第一激发电位。

2.3　实验原理

图 2-1 所示为夫兰克-赫兹实验的原理图。在夫兰克-赫兹管中充入一定气压的某种待测气体（氩气或氖气），给栅极 G 相对于阴极 K 加上一个正向电压 U_1，而给接收极 P 相对于栅极 G 加上一个比较小（1~2 V）的反向电压 U_2，如果从阴极 K 发出的电子在加速运动到栅极 G 的过程中没有和原子发生碰撞或只发生了弹性碰撞而损失一小部分能量，电子就有足够的能量克服反向电压到达接收极 P，形成通过电流计的电流 I_p。如果电子在 KG 区域与原子发生了非弹性碰撞，把较多的能量传递给了气体原子，使气体原子从基态跃迁到激发态，电子

剩下的能量就可能很小，以至于通过栅极 G 后不能克服反向电压到达接收极 P，从而使电流计的指示电流减小。

夫兰克和赫兹最初研究的是汞蒸气。在实验时，使 K 极与 G 极之间的电压 U_1 逐渐升高，同时观测通过电流计的电流 I_P，如图 2-2 所示。当电压 U_1 由零开始逐渐升高时，P 极电流 I_P 也同步上升；当电压达到 4.9 V 时，电流开始下降，接着又上升；当电压达到 9.8 V 时，电流又一次下降，接着又上升；当电压达到 14.7 V 时，电流第三次开始下降。从图 2-2 中可以看出，这三次电流开始下降的电压间隔都是 4.9 V，即当 K 极与 G 极之间的电压为 4.9 V 的整数倍时，电流开始下降。这是因为汞原子的第一激发态的能量比基态大 4.9 eV，即汞原子的第一激发电位为 4.9 V。

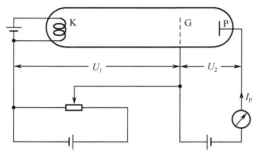

图 2-1　夫兰克-赫兹实验的原理图

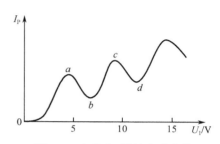

图 2-2　夫兰克-赫兹实验曲线

当 $U_1 < 4.9$ V 时，从阴极 K 发出的电子加速运动到栅极 G 时获得的能量（动能）小于 4.9 eV。按照量子理论，能量小于 4.9 eV 的电子与汞原子发生碰撞，不能使汞原子从基态跃迁到第一激发态，电子只能与汞原子发生弹性碰撞。通过简单计算可知，在每次弹性碰撞中，电子损失的能量约为其自身能量的十万分之一，即电子几乎没有能量损失，能够克服反向电压 U_2 到达 P 极。加速电压 U_1 越高，电子到达栅极 G 时的能量（动能）越大，克服反向电压做功损失一部分能量（eU_2）后电子剩下的能量（动能）也越大，单位时间内到达 P 极的电子数越多，P 极电流越大。因此，I_P 随 U_1 的升高而上升，对应图 2-2 中的 $0a$ 段。

当 $U_1 = 4.9$ V 时，从阴极 K 发出的电子加速运动到栅极 G 时获得的能量（动能）等于 4.9 eV。此时满足式（2-2），电子与汞原子发生非弹性碰撞，电子把能量全部传递给汞原子，自身能量（动能）几乎降为零，而汞原子吸收了 4.9 eV 的能量后从基态跃迁到第一激发态。由于反向电压的作用，失去了能量的电子将不能到达 P 极，使 I_P 下降，对应图 2-2 中的 ab 段。

当 4.9 V $< U_1 < 2 \times 4.9$ V 时，电子在从阴极 K 加速向栅极 G 运动的过程中能量一旦达到 4.9 eV，就与汞原子发生一次非弹性碰撞从而损失能量，而后继续在电场中加速，只不过到达栅极 G 时重新获得的能量小于 4.9 eV，故非弹性碰撞不会再发生，电子能够克服反向电压到达 P 极，使 I_P 再一次上升，对应图 2-2 中的 bc 段。

当 $U_1 = 2 \times 4.9$ V 时，电子在 KG 区域与汞原子发生两次非弹性碰撞从而失去全部能量，造成 I_P 的第二次下降，对应图 2-2 中的 cd 段。

综上所述，凡是 $U_1 = n \times 4.9$ V（$n = 1, 2, 3, \cdots$）时，I_P 都会开始下降。图 2-2 中相邻两个 I_P 最小值（或最大值）对应的 U_1 之差即汞原子的第一激发电位。

由夫兰克-赫兹实验曲线不难看出，I_P 达到峰值后并不是突然下降的，而是缓慢地下降（如图 2-2 中的 ab 段），其原因是从阴极 K 发出的热电子速度具有一定的统计分布规律。第一个

峰值不出现在 $U_1 = 4.9$ V 处的原因是存在仪器等的接触电位。另外，随着 U_1 的升高 I_p 总体表现出上升趋势的主要原因是，电子与原子发生碰撞存在一定的概率，总有一些电子未和汞原子发生碰撞（或发生碰撞的次数较少）而到达 P 极，U_1 越高，这些电子到达 P 极时的速度越高，单位时间内到达 P 极的电子数越多，因而 I_p 的总趋势是随 U_1 的升高而上升。

夫兰克-赫兹实验为量子理论提供了直接证据，并且是了解原子结构的重要手段之一。但汞在常温下为液体，需要加热变为汞蒸气。其气压受温度变化的影响很大，随着温度的变化，实验结果也会发生很大变化。因此，要想得到稳定的实验结果，就必须保持夫兰克-赫兹管内恒温。为了克服这个缺点，本实验采用充氩气（或氖气）来进行夫兰克-赫兹实验。因为氩气（或氖气）在室温下为气体，所以无须对夫兰克-赫兹管进行加热，且温度的变化对实验结果几乎没有影响，接通电源预热后夫兰克-赫兹管即可工作。

2.4　实验装置

夫兰克-赫兹管有三极管和四极管两种形式，图 2-1 中采用三极管，四极管夫兰克-赫兹实验的原理图如图 2-3 所示。

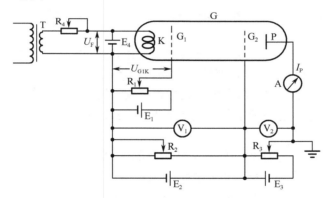

图 2-3　四极管夫兰克-赫兹实验的原理图

图 2-3 中，G 为夫兰克-赫兹管；T 为灯丝变压器；E_1、E_2、E_3 为直流电源；R_1、R_2、R_3 和 R_4 为电位器；V_1 和 V_2 为电压表；A 为灵敏电流计（在实验中为了测量方便，使用一个运算放大器把微电流转换成了电压）。实验时用电位器 R_4 来调节灯丝电流，使阴极 K 能根据所需的 I_p 发射电子。为了提高阴极发射电子的能力，本实验采用了旁热式阴极。一般在阴极 K 与第一栅极 G_1 之间加上比阴极电压高 1.5 V 左右的正向电压 U_{G1K}，它的作用是消除空间电荷对阴极发射电子的影响。这个电压的大小由电位器 R_1 调节。在阴极 K 与第二栅极 G_2 之间加上 0～80 V 连续可调的加速电压 U_1。这个电压的大小由电位器 R_2 调节。在第二栅极 G_2 与接收极 P 之间加上对 G_2 极而言为负的 0～10 V 的反向电压 U_2，它的作用是使那些与原子发生非弹性碰撞而损失能量的电子不能到达 P 极。这个电压的大小由电位器 R_3 调节，它对 I_p 的影响较大。当 U_2 升高时，I_p 减小，实验时在选择适当的 I_p 后将 U_2 固定。

不论是三极管还是四极管，管内均充有微量气体（氩气或氖气）。在常温下，阴极受灯丝加热时就会发射电子，这些电子运动到第二栅极 G_2 时的动能随着阴极 K 和第二栅极 G_2 之间的加速电压 U_1 升高而增大。开始时，电子与气体原子发生弹性碰撞，不损失能量。但是当加速电压逐渐升高到使电子到达第二栅极 G_2 时的动能刚好等于气体原子的第一激发电位时，电子与气体原子发生非弹性碰撞，使气体原子从基态跃迁到第一激发态，而失去动能的电子不能克服反向电压到达 P 极，这时灵敏电流计的指示电流减小。当加速电压继续升高，使电子被加速且与气体原子发生一次非弹性碰撞后剩余的能量能够克服反向电压到达 P 极时，通过灵敏电流计的电流随着加速电压的升高继续增大，直到电子获得的动能能够使电子与气体原子发生第二次非弹性碰撞时，电子再一次失去能量不能克服反向电压达到 P 极，这时灵敏电流的指示电流又减小。若以加速电压 U_1 为横坐标，以 P 极电流 I_P 为纵坐标作图，则会得到类似图 2-2 的 P 极电流 I_P 随加速电压 U_1 的升高而振荡上升的曲线，由相邻两个 I_P 最小值（或最大值）对应的 U_1 之差可以确定气体原子的第一激发电位。

2.5　实验步骤

（1）在打开仪器面板上的电源开关之前，将第一栅压、第二栅压（加速电压）、接收极反向电压和灯丝电流微调电位器 R_1、R_2、R_3、R_4 的旋钮都置于最小值处，即逆时针旋转到底。

（2）把双踪示波器的 X 和 Y 输入端口分别接在仪器面板的相应位置，检查电路无误后接通电源，调节灯丝电流到额定值，预热 10～15 min。将灯丝电流粗调至 1.5 A 时供氖管，粗调至 0.75 A 时供氩管。

（3）将第一栅压调节到 1.5 V 左右，接收极反向电压调节到 8 V 左右。调节好运算放大器零点后，按下自动扫描按钮，这时仪器就会自动快速地把加速电压 U_1 从 0 升高到 80 V，在示波器上观察接收极输出电压 U_P（已由运算放大器把接收极电流 I_P 转换为接收极输出电压）随加速电压 U_1 的变化曲线。适当调节灯丝电流及接收极反向电压，直至得到理想的振荡上升曲线。

（4）调节电位器 R_2，使加速电压 U_1 从 0 升高到 80 V，并记录加速电压 U_1 和接收极输出电压 U_P，以加速电压 U_1 为横坐标，以接收极输出电压 U_P 为纵坐标作图。

（5）确定相邻两个 U_P 最小值（或最大值）对应的 U_1 之差，按实验室给出的方法计算出第一激发电位，并进行误差分析。

2.6　思考与讨论

（1）如果想测出其他更高能级电位及电离电位，应如何改进实验装置？
（2）如果不加接收极反向电压，实验曲线将是什么样的？

第3章 用CCD电视显微油滴仪测电子电荷

美国物理学家密立根（R. A. Millikan）在1909年到1917年用油滴法直接证实了电荷的不连续性，并用实验方法直接测量出了电子电荷，这就是著名的密立根油滴实验。该实验是近代物理学发展过程中具有重要意义的实验。密立根因此获得了1923年的诺贝尔物理学奖。在本实验中，我们将一起学习用CCD（Charge Coupled Device，电荷耦合器件）电视显微油滴仪测电子电荷的方法。

3.1 实验背景

1897年汤姆森（Thomson）发现了电子的存在后，人们进行了多次尝试，以精确确定它的性质。汤姆森又测量了这种基本粒子的比荷（荷质比），证实了这个比值是唯一的。许多科学家为测量电子电荷进行了大量的实验探索工作。电子电荷的精确数值最早是由密立根于1917年用实验方法测得的。密立根在前人工作的基础上进行基本电荷 e 的测量，他进行了几千次测量，对于一个油滴要盯几小时，可见过程的艰辛。为了实现精确测量，他创造了实验所需的环境条件，如对油滴室的气压和温度的测量与控制。开始时他是用水滴作为电量的载体的，但由于水滴的蒸发，不能得到令人满意的结果，因此后来他改用挥发性小的油滴。最初，由实验数据通过公式计算出的 e 值随油滴的减小而增大，面对这一情况，密立根经过分析后认为导致这个谬误的原因在于，实验中选用的油滴很小，对它来说，空气已不能看作连续介质，斯托克斯定律已不适用。因此，他通过分析和实验对斯托克斯定律进行了修正，得到了合理的结果。密立根油滴实验的实验装置随着技术的进步不断得到改进，但其实验原理仍在当代物理科学研究的前沿发挥着作用。

3.2 实验目的

（1）利用CCD电视显微油滴仪测电子电荷。
（2）了解CCD图像传感器的原理与应用，学习电视显微测量方法。

3.3 实验原理

一个质量为 m、带电量为 q 的油滴处在两块平行极板之间，当平行极板之间未加电压时，油滴受重力作用而加速下降。由于空气阻力的作用，油滴下降一段距离后将做匀速运动，速度为 V_g。这时重力与空气阻力达到平衡（空气浮力忽略不计），如图3-1所示。根据斯托克斯定律，空气阻力为

$$f_r = 6\pi r\eta V_g \tag{3-1}$$

式中，η 是空气的黏滞系数；r 是油滴的半径。这时有

$$6\pi r \eta V_g = mg \tag{3-2}$$

当在间距为 d 的平行极板之间加电压 U 时，油滴处在场强为 E 的静电场中，设电场力 qE 与重力方向相反，如图 3-2 所示，使油滴受电场力作用加速上升。由于空气阻力的作用，油滴上升一段距离后所受的空气阻力、重力与电场力达到平衡（空气浮力忽略不计），油滴将匀速上升，速度为 V_e，此时有

$$6\pi r \eta V_e = qE - mg \tag{3-3}$$

又因为

$$E = U/d \tag{3-4}$$

所以由式（3-2）、式（3-3）、式（3-4）可解得

$$q = mg\frac{d}{U}\frac{V_g + V_e}{V_g} \tag{3-5}$$

为了测定油滴所带的电量 q，除应测出 U、d 和速度 V_g、V_e 以外，还需要知道油滴质量 m。由于空气的悬浮和表面张力作用，可将油滴看作圆球，其质量为

$$m = \frac{4\pi r^3 \rho}{3} \tag{3-6}$$

式中，ρ 是油滴的密度。

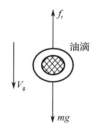

图 3-1　油滴受力分析

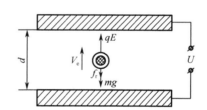

图 3-2　油滴在电场中的受力分析

由式（3-2）和式（3-6）可得，油滴的半径为

$$r = \left(\frac{9\eta V_g}{2\rho g}\right)^{1/2} \tag{3-7}$$

考虑到油滴非常小，空气已不能看作连续介质，空气的黏滞系数 η 应修正为

$$\eta = \frac{\eta}{1 + b/pr} \tag{3-8}$$

式中，b 为修正常数；p 为大气压强；r 为未经修正的油滴半径。由于 r 在修正项中，不必计算得很精确，因此由式（3-7）进行计算就够了。

实验时若取油滴匀速下降和匀速上升的距离相等，设此距离为 l，测出油滴匀速下降的时间 t_g，匀速上升的时间 t_e，则有

$$V_g = l/t_g, \quad V_e = l/t_e \tag{3-9}$$

将式（3-6）、式（3-7）、式（3-8）、式（3-9）代入式（3-5），可得

$$q = \frac{18\pi}{\sqrt{2\rho g}}\left(\frac{\eta l}{1+b/pr}\right)^{3/2}\cdot\frac{d}{U}\left(\frac{1}{t_e}+\frac{1}{t_g}\right)\left(\frac{1}{t_g}\right)^{1/2} \tag{3-10}$$

令

$$K = \frac{18\pi}{\sqrt{2\rho g}}\left(\frac{\eta l}{1+b/pr}\right)^{3/2}\cdot d \tag{3-11}$$

则有

$$q = K\left(\frac{1}{t_e}+\frac{1}{t_g}\right)\left(\frac{1}{t_g}\right)^{1/2}\cdot\frac{1}{U} \tag{3-12}$$

式（3-12）便是用动态（非平衡）法测油滴所带电荷的计算公式。

下面导出用静态（平衡）法测油滴所带电荷的计算公式。

调节平行极板之间的电压，使油滴保持不动，$V_e = 0$，即 $t_e \to \infty$，由式（3-12）可得

$$q = K\left(\frac{1}{t_g}\right)^{3/2}\cdot\frac{1}{U} \tag{3-13}$$

或者

$$q = \frac{18\pi}{\sqrt{2\rho g}}\left(\frac{\eta l}{t_g(1+b/pr)}\right)^{3/2}\cdot\frac{d}{U} \tag{3-14}$$

式（3-13）和式（3-14）便是用静态（平衡）法测油滴所带电荷的计算公式。

3.4　实验装置

本实验的实验装置为 CDD 电视显微油滴仪（使用方法参见《仪器使用说明书》），其主要由油雾室、油滴盒、CCD 电视显微镜、电路箱、监视器等组成，如图 3-3 所示。

图 3-3　CCD 电视显微油滴仪

3.5　实验步骤

（1）仪器调节。调节仪器底部螺钉，使水平泡指示水平，即油滴盒处于水平状态。

① 用喷雾器向油雾室喷油，转动 CCD 电视显微镜的调焦手轮，使屏幕上出现清晰的油

滴图像。

　　② 将仪器面板右侧的拨动开关置于"平衡"挡，调节平行极板之间的平衡电压，使屏幕上保留一个清晰的油滴图像。

　　③ 通过调节平衡电压或将拨动开关置于"升降"挡，调节升降电压调节电位器，使油滴到达合适的位置。

　　（2）测量油滴运动的时间。将计时器清零，记录平衡电压，将拨动开关置于"测量"挡（平行极板之间短路，电压为零），此时计时器开始计时，当油滴到达所需位置时，将拨动开关置于"平衡"挡，此时计时器停止计时，记录油滴运动的时间。

　　（3）测量多组数据，处理数据，求出电子电荷。利用记录的油滴运动时间，测量多组数据，使用求最大公约数法或作图法得到单位电荷。若求最大公约数有困难，则可用作图法求 e 值。设实验测得的 k 个油滴的带电量分别为 $q_1, q_2, \cdots, q_k$，由于电荷的量子化特性，可应用 $q_i = n_i e$ 求 e 值，这是一个直线方程，其中 n_i 为自变量（可由 q_i 除以公认电子电荷得到），q_i 为因变量，e 为斜率。因此，k 个油滴对应的数据在 q-n 坐标系中将在同一条过原点的直线上，如果找到满足这一关系的直线，就可通过斜率求得 e 值。

　　将 e 的实验值与公认值进行比较，求相对误差（e 的公认值为 1.60×10^{-19} C）。

　　主要参数：油滴的密度 $\rho = 981 \, \text{kg/m}^3$，重力加速度 $g = 9.79 \, \text{m/s}^2$；空气的黏滞系数 $\eta = 1.83 \times 10^{-5} \, \text{kg/m} \cdot \text{s}$，修正常数 $b = 6.17 \times 10^{-6} \, \text{m} \cdot \text{cmHg}$，标准大气压 $p = 76.0 \, \text{cmHg}$。平行极板间距 d 和油滴匀速下降的距离 l 由实验室给出。实际大气压可由气压表读出。

3.6　思考与讨论

　　（1）对实验结果造成影响的主要因素有哪些？

　　（2）如何判断油滴盒内两块平行极板是否水平？若不水平对实验有何影响？

　　（3）通过 CCD 成像系统观测油滴比直接从 CCD 电视显微镜中观测有何优点？

第4章 塞曼效应

塞曼效应直接证明了原子具有空间取向量子化的磁矩，是物理学家研究原子内部结构的一个重要实验手段。处在磁场中的原子能级分裂可以通过对光谱的测量获得，进而计算原子的其他参数。在本实验中，我们将一起学习如何利用法布里-珀罗标准具（Fabry-Perot Etalon）进行光谱的精细测量；加深对塞曼效应产生原因的理解并熟悉其实验测量方法，通过对实验结果的分析，归纳影响原子能级分裂的因素，并与理论结果进行对比。

4.1　实验背景

从 19 世纪中后期开始，物理学家就对利用电场和磁场调控光产生了浓厚的兴趣，典型的例子是法拉第（Faraday）在 1845 年发现了旋光效应，以及克尔（Kerr）在 1875 年和 1876 年发现了电光效应与磁光效应。1896 年，塞曼（Zeeman）利用分辨率较高的凹面光栅发现了钠原子在强磁场环境下产生的黄色跃迁线有比较明显的展宽现象，而镉原子的谱线在足够强的磁场中会发生明显的分裂。后来，塞曼根据实验数据，结合电磁场理论，计算出了电子的荷质比，该结果和汤姆森利用阴极射线方法计算出的结果极为接近。塞曼和洛伦兹在 1902 年被授予诺贝尔物理学奖。

4.2　实验目的

（1）学习法布里-珀罗标准具的原理和使用方法。

（2）观察汞的 5461 Å 谱线在磁场中的分裂，测量出分裂后的波长差和波数差，并将其与理论值进行比较。

4.3　实验原理

当将光源放在足够强的磁场中时，磁场使每条谱线分裂为波长非常接近的几条偏振化子谱线，这种现象称为塞曼效应。塞曼效应实质上是由于原子中电子的轨道磁矩和自旋磁矩共同受外磁场的作用而产生的，证实了原子具有磁矩和空间量子化。塞曼效应分为正常塞曼效应和反常塞曼效应。从垂直于外磁场方向观察，若一条谱线分裂成三条子谱线，则为正常塞曼效应；若一条谱线分裂成三条以上子谱线，则为反常塞曼效应。正常塞曼效应的产生是电子的轨道磁矩和外磁场相互作用的结果，反常塞曼效应的产生是原子磁矩（电子的轨道磁矩和自旋磁矩）和外磁场相互作用的结果。

塞曼效应中分裂的子谱线从垂直于外磁场方向观察是线偏振光，可分为两种情况：一种情况是子谱线的电向量平行于外磁场，称为 π 成分；另一种情况是子谱线的电向量垂直于外磁场，称为 σ 成分。

原子中的电子做轨道运动和自旋运动，以 $\boldsymbol{\mu}_L$、$\boldsymbol{\mu}_S$ 分别表示与角动量 $\boldsymbol{P}_L$、$\boldsymbol{P}_S$ 对应的磁矩，它们之间的关系为

$$|\boldsymbol{P}_L| = \sqrt{L(L+1)}\frac{h}{2\pi} \tag{4-1}$$

$$|\boldsymbol{P}_S| = \sqrt{S(S+1)}\frac{h}{2\pi} \tag{4-2}$$

$$\boldsymbol{\mu}_L = -\frac{e}{2m}\boldsymbol{P}_L \tag{4-3}$$

$$\boldsymbol{\mu}_S = -\frac{e}{m}\boldsymbol{P}_S \tag{4-4}$$

设原子的总角动量为 $\boldsymbol{P}_J$、总磁矩为 $\boldsymbol{\mu}_J$，则有

$$\boldsymbol{\mu}_J = \boldsymbol{\mu}_L + \boldsymbol{\mu}_S = -\frac{e}{2m}\boldsymbol{P}_L - \frac{e}{m}\boldsymbol{P}_S \tag{4-5}$$

由于 $\boldsymbol{\mu}_L$ 与 $\boldsymbol{P}_L$ 的比值不同于 $\boldsymbol{\mu}_S$ 与 $\boldsymbol{P}_S$ 的比值，所以 $\boldsymbol{\mu}_L$ 和 $\boldsymbol{\mu}_S$ 的合矢量 $\boldsymbol{\mu}$ 不在 $\boldsymbol{P}_L$ 和 $\boldsymbol{P}_S$ 的合矢量 $\boldsymbol{P}_J$ 的延长线上，如图 4-1 所示。

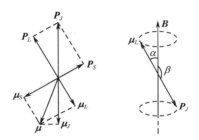

图 4-1　$\boldsymbol{\mu}_J$ 和 $\boldsymbol{P}_J$ 的关系

按照图 4-1 进行矢量叠加可以得到 $\boldsymbol{\mu}_J$ 和 $\boldsymbol{P}_J$ 的关系式，即

$$\boldsymbol{\mu}_J = g\frac{e}{2m}\boldsymbol{P}_J \tag{4-6}$$

式中，g 为朗德（Lande）因子。对于 LS 耦合，有

$$g = 1 + \frac{J(J+1) - L(L-1) + S(S+1)}{2J(J+1)} \tag{4-7}$$

式中，$J = S + L$ 为角动量量子数。

比较式（4-3）与式（4-6）可知，两者不同之处在于 $\boldsymbol{\mu}_J$ 和 $\boldsymbol{P}_J$ 的关系中多了一个朗德因子 g。由此可见，朗德因子 g 表征原子总磁矩 $\boldsymbol{\mu}_J$ 与总角动量 $\boldsymbol{P}_J$ 的关系，并且决定了原子能级在磁场中分裂的大小。

原子总磁矩在外磁场中将受到力矩的作用。设外磁场为 $\boldsymbol{H}$，力矩为 $\boldsymbol{L}_r$，则有

$$\boldsymbol{L}_r = \boldsymbol{\mu}_J \times \boldsymbol{H} \tag{4-8}$$

力矩 $\boldsymbol{L}_r$ 使总角动量 $\boldsymbol{P}_J$（也就是总磁矩 $\boldsymbol{\mu}_J$）发生旋进，旋进引起的附加能量为

$$\Delta E = -\mu_J H\cos\alpha = g\frac{e}{2m}P_J H \cdot \cos\alpha \tag{4-9}$$

由于 $\boldsymbol{\mu}_J$ 或 $\boldsymbol{P}_J$ 在磁场中的取向是量子化的，也就是说 $\boldsymbol{P}_J$ 在磁场方向的分量是量子化的，因此它只能取如下数值：

$$P_J \cos\alpha = M\frac{h}{2\pi} \tag{4-10}$$

式中，M 为磁量子数，$M = J, (J-1), \cdots, -J$，共有 $2J+1$ 个值。将式（4-10）代入式（4-9）得

$$\Delta E = Mg\frac{eh}{4\pi m}H = Mg\mu_B H \tag{4-11}$$

式中，$\mu_B = \dfrac{eh}{4\pi m}$ 为玻尔磁子，$\mu_B = 9.2741 \times 10^{-24}\,\text{J}\cdot\text{T}^{-1}$。式（4-11）说明在稳定的外磁场作用下，附加能量有 $2J+1$ 个可能的数值，也就是说磁场作用使原来的一个能级分裂成 $2J+1$ 个子能级，而子能级间隔为 $g\mu_B H$。每个子能级附加的能量与外磁场 H、朗德因子 g 成正比。由于 g 对于不同能级而言不同，因此不同能级分裂出的子能级间隔也不同。

设频率为 ν 的谱线是由原子的上能级 E_2 跃迁到下能级 E_1 所产生的，则此谱线的频率与能级有如下关系：

$$h\nu = E_2 - E_1 \tag{4-12}$$

在外磁场作用下，上、下能级各获得附加能量 ΔE_2、ΔE_1，因此，每个能级各分裂为 $2J_2+1$ 个和 $2J_1+1$ 个子能级。这样，上、下两个子能级之间的跃迁将发出频率为 ν' 的谱线，并有

$$
\begin{aligned}
h\nu' &= (E_2 + \Delta E_2) - (E_1 + \Delta E_1) \\
&= (E_2 - E_1) + (\Delta E_2 - \Delta E) \\
&= h\nu + (M_2 g_2 - M_1 g_1)\mu_B H
\end{aligned}
\tag{4-13}
$$

分裂后的谱线与原谱线的频率差为

$$\Delta\nu = \tilde{\nu}' - \tilde{\nu} = (M_2 g_2 - M_1 g_1)\frac{eH}{4\pi m} \tag{4-14}$$

用波数（$\tilde{\nu} = \dfrac{\nu}{c}$）表示为

$$\Delta\nu = \tilde{\nu}' - \tilde{\nu} = (M_2 g_2 - M_1 g_1)\frac{eH}{4\pi mc} \tag{4-15}$$

M 的选择定则如下：

$$\Delta M = 0, \pm 1$$

当 $\Delta M = 0$ 时，跃迁产生 π 成分；当 $\Delta M = \pm 1$ 时，跃迁产生 σ 成分。

在本实验中，我们观测汞的 5461 Å 谱线的塞曼分裂，它是由 $6s7s\,^3S_1$ 到 $6s6p\,^3P_2$ 跃迁而产生的，现将其对应于各能级的量子数和 g、M、Mg 值列在表 4-1 中。

表 4-1　各能级的量子数

原子态	$^3S_1$			$^3P_2$				
L	0			1				
S	1			1				
J	1			2				
g	2			3/2				
M	1	0	−1	2	1	0	−1	−2
Mg	2	0	−2	3	3/2	0	−3/2	−3

由 M 的选择定则可得表 4-2。其中，↓ 的跃迁为 $\Delta M = 0$，是 π 成分，其裂距为 $0, \pm 1/2$；

↗和↘的跃迁为 $\Delta M = \pm 1$，是 σ 成分，其裂距为 $\pm 1, \pm 3/2, \pm 2$。

表 4-2　分裂情况

$^3S_1$　　　M_2g_2 $^3P_2$　　　M_1g_1									
裂距 $\Delta \tilde{\nu}(M_2g_2 - M_1g_1)$	2	3/2	1	1/2	0	-1/2	-1	-3/2	-2
偏振状态	σ	σ	σ	π	π	π	σ	σ	σ

汞的 5461 Å 谱线在外磁场中的分裂如图 4-2 所示。

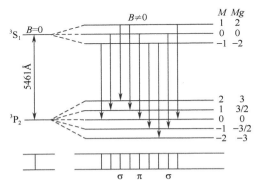

图 4-2　汞的 5461 Å 谱线在外磁场中的分裂

由图 4-2 可见，汞的 5461 Å 谱线在外磁场中分裂为 9 条子谱线，属于反常塞曼效应，从垂直于磁场方向观察，中间 3 条偏振状态属于 π 成分，两边 6 条偏振状态属于 σ 成分。

塞曼分裂的波长差是很小的，如在正常塞曼效应中，有

$$\Delta \tilde{\nu} = \frac{eH}{4\pi mc} = 4.67 \times 10^{-5} H \text{ cm}^{-1} \qquad (4\text{-}16)$$

由 $\Delta \lambda = \frac{\lambda^2 eH}{4\pi mc}$ 可估算塞曼分裂数量级。设 $\lambda = 5000$ Å，$H = 5000$ Gs，则 $\Delta \lambda \approx 0.06$ Å。欲分辨如此小的波长差，要求分光仪器的分辨率为 $\frac{\lambda}{\Delta \lambda} = 8.3 \times 10^4 \approx 10^5$。一般棱镜摄谱仪的理论分辨率为 $10^3 \sim 10^4$，且实际分辨率比理论分辨率还要低，故不适用。多光束干涉的分光仪器，如法布里-珀罗标准具，分辨率较高，理论分辨率达 $10^5 \sim 10^7$，采用它观测塞曼分裂比较适宜。

4.4　实验装置

4.4.1　法布里-珀罗标准具

法布里-珀罗标准具是由两块平行的光学玻璃板中间夹一个间隔圈组成的，两块光学玻璃板内表面研磨加工至接近理想平面，精度要求高于 1/20 波长，并且要求实现高精度的平行。两块光学玻璃板相对的内表面镀有 ZnS-MgF 多层介质高反射膜，以提高反射率。

法布里-珀罗标准具是一个多光束干涉装置。在使用法布里-珀罗标准具观察干涉条纹时，

如图 4-3 所示，光线必须由扩展的面光源上一点 S 发出，利用透镜 L_1，得到许多平行光束射到法布里-珀罗标准具的两块光学玻璃板之间，在两块光学玻璃板内表面之间经过多次反射分裂成一组平行光束，由透镜 L_2 汇聚在它的焦平面上以产生干涉，得到的干涉花样是一套等倾干涉圆环。图 4-3 中为自面光源上一点 S 发出的光先经过 L_1 后以角 φ 入射，然后以同样的角度射出，经 L_2 汇聚于屏上一点 S'。

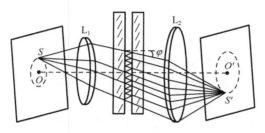

图 4-3　法布里-珀罗标准具光路图

设两块光学玻璃板内表面之间的距离为 d，板间的介质为空气，故折射率 $n=1$，则相邻两光束间的光程差 $\Delta = 2d\cos\varphi$，形成亮条纹的条件为

$$2d\cos\varphi = K\lambda \qquad (4\text{-}17)$$

式中，K 为整数，表示干涉级次。由式（4-17）可以看出，在屏上显示的干涉条纹为圆环。由于干涉级次 K 不同，因此形成以 O' 为中心的一系列向外的同心圆环，设中心亮环的干涉级次为 K，由内向外干涉级次依次为 $K-1, K-2, \cdots$。

4.4.2　法布里-珀罗标准具的特性参数

1. 自由光谱范围

设有两种波长的入射光，其波长 λ_1 和 λ_2 相似，由式（4-15）可知，同一干涉级次对应不同波长的干涉极大值有不同的入射角 φ_1 和 φ_2，故这两种波长的光产生两套亮环。如果 $\lambda_1 > \lambda_2$，则 λ_2 的各级圆环套在 λ_1 的相应各级圆环外，如图 4-4 所示。波长差 $\Delta\lambda = \lambda_1 - \lambda_2$ 越大，两组圆环离开得越远。

图 4-4　λ_1 和 λ_2 的亮环

当波长差 $\Delta\lambda$ 逐渐增大，且 $\lambda_1 > \lambda_2$ 使得 λ_1 的 $K-1$ 级亮环与 λ_2 的 K 级亮环重叠时，有

$$K\lambda_2 = (K-1)\lambda_1 \qquad (4\text{-}18)$$

一般干涉仪用在 $\varphi = 0$ 的情况下，此时有

$$\delta\lambda = \lambda_1 - \lambda_2 \approx \frac{\lambda^2}{2d} \qquad (4\text{-}19)$$

用波数表示为

$$\delta\tilde{v} = \frac{1}{2d} \qquad (4\text{-}20)$$

$\delta\lambda$ 是某一波长光的干涉圆环和另一波长光的干涉圆环重合时的波长差，即在给定 d 的法布里-珀罗标准具中，若入射光的波长在 λ_1 到 $\lambda_2 + \delta\lambda$ 的范围内，则产生的干涉圆环不重叠。因此，称 $\delta\lambda$ 或 $\delta\tilde{v}$ 为法布里-珀罗标准具的自由光谱范围，或者不重叠区域。在使用法布里-珀罗标准具时，必须通过单色仪或干涉滤光片使光谱从光源发出的复合光中分离出来。

2．分辨本领（分辨率）

法布里-珀罗标准具的镀银面的反射系数越大，由透射光所得到的干涉亮环越细，刚能被分辨或刚能鉴别的两相邻亮环的几何间隔就越小，即刚能被分辨的相应两相邻波长光的波长差 $\Delta\lambda$ 越小。通常定义 $\lambda/\Delta\lambda$ 为光谱的分辨本领（或称为分辨率）。光谱的分辨率与镀银面的反射系数密切相关，反射系数越大，分辨率就越高。多光束的分辨率为

$$\lambda/\Delta\lambda = KF \qquad (4\text{-}21)$$

$$F = \frac{\pi\sqrt{R}}{1-R} \qquad (4\text{-}22)$$

式中，K 是干涉级次，因为 $2d\cos\varphi = K\lambda$，所以 d 越大，干涉级次越高，分辨率越高；F 为法布里-珀罗标准具的精细常数，它随反射系数 R 增大而增大。为了获得高分辨率，R 须为 90% 以上，如当 $\lambda = 5461\,Å$，$d = 5\,mm$，$R = 0.9$ 时，$\lambda/\Delta\lambda \approx 5.5\times10^5$，对波长为 5461 Å 的谱线进行分辨的波长差为 0.01 Å。由此可见，法布里-珀罗标准具是一种分辨率很高的光学仪器。

3．用法布里-珀罗标准具测量微小的波长差

从法布里-珀罗标准具中透射出的平行光束，经焦距为 f 的透镜 L_2 后，成像在焦平面上，如图 4-5 所示。由图 4-5 可得

$$\frac{R}{2} = f \cdot \tan\varphi \qquad (4\text{-}23)$$

式中，R 为圆环直径；f 为透镜焦距。对于中心附近圆环，有

$$\tan\varphi \approx \sin\varphi \approx \varphi \qquad (4\text{-}24)$$

所以

$$\varphi = \frac{R}{2f} \qquad (4\text{-}25)$$

$$\cos\varphi \approx 1 - \frac{\varphi^2}{2!} + \frac{\varphi^4}{4!} - \cdots \approx 1 - \frac{\varphi^2}{2!} = 1 - \frac{R^2}{8f^2} \qquad (4\text{-}26)$$

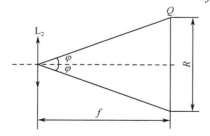

图 4-5　法布里-珀罗标准具成像图

将式（4-26）代入 $\Delta = 2d\cos\varphi = K\lambda$ 得

$$2d\left(1-\frac{R^2}{8f^2}\right)=K\lambda \tag{4-27}$$

由式（4-27）可知，干涉级次 K 与圆环直径 R 的平方呈线性关系，即随着圆环直径的增大，圆环越来越密集。式（4-27）中等号左边第二项的负号表明，直径越大的干涉圆环其干涉级次 K 越低。同理，对于同一干涉级次的干涉圆环，其直径越大波长越小。

同一波长相邻两干涉级次 K 和 $K\text{-}1$ 的圆环直径分别为 R_K、R_{K-1}，直径平方差用 ΔR^2 表示，由式（4-27）可得

$$\Delta R^2 = R_{K-1}^2 - R_K^2 = \frac{4\lambda f^2}{d} \tag{4-28}$$

由式（4-28）可知，ΔR^2 是与干涉级次 K 无关的常数。

同一干涉级次不同波长 λ_a、λ_b、λ_c 的相邻两圆环的波长差 $\Delta\lambda_{ab}$ 和 $\Delta\lambda_{bc}$ 的关系可由式（4-27）得出，即

$$\Delta\lambda_{ab} = \lambda_a - \lambda_b = \frac{d}{4f^2 K}(R_b^2 - R_a^2) \tag{4-29}$$

$$\Delta\lambda_{bc} = \lambda_b - \lambda_c = \frac{d}{4f^2 K}(R_c^2 - R_b^2) \tag{4-30}$$

将式（4-28）和近中心圆环的 $K \approx \dfrac{2d}{\lambda}$ 代入式（4-29）、式（4-30）得

$$\Delta\lambda_{ab} = \frac{\lambda^2}{2d}\frac{R_b^2 - R_a^2}{R_{K-1}^2 - R_K^2} \tag{4-31}$$

$$\Delta\lambda_{bc} = \frac{\lambda^2}{2d}\frac{R_c^2 - R_b^2}{R_{K-1}^2 - R_K^2} \tag{4-32}$$

用波数表示为

$$\Delta\tilde{v}_{ab} = \frac{1}{2d}\frac{R_b^2 - R_a^2}{R_{K-1}^2 - R_K^2} \tag{4-33}$$

$$\Delta\tilde{v}_{bc} = \frac{1}{2d}\frac{R_c^2 - R_b^2}{R_{K-1}^2 - R_K^2} \tag{4-34}$$

由此可见，若已知 d 和 λ，则通过测量各圆环直径 R 便可计算出两谱线的波长差。

4. 计算电子的荷质比

已知 $\Delta\lambda = \dfrac{\lambda^2 e}{4\pi mc}H$，将它代入式（4-31）和式（4-32）得

$$\frac{e}{m} = \frac{2\pi c}{dH}\frac{R_b^2 - R_a^2}{R_{K-1}^2 - R_K^2} \tag{4-35}$$

$$\frac{e}{m} = \frac{2\pi c}{dH}\frac{R_c^2 - R_b^2}{R_{K-1}^2 - R_K^2} \tag{4-36}$$

若已知 d 和 H，则从塞曼分裂的干涉圆环中测出各直径便可计算出电子的荷质比。

5. 法布里-珀罗标准具的调整

将光源、透镜和法布里-珀罗标准具按规定放置好后，水平移动法布里-珀罗标准具找到干涉圆环，使其中心位于反射镜中心，先左右移动视线观察，如果在移动视线过程中有冒环

或吸环现象，则说明水平方向不平行，可调整法布里-珀罗标准具下部的两个旋钮，向哪个方向冒环或吸环就拧紧哪一侧的旋钮或拧松另一侧的旋钮，可根据旋钮原来的松紧程度决定拧哪一个，直到观察不到冒环和吸环现象为止。然后上下移动视线观察，如果视线上移冒环，就拧紧法布里-珀罗标准具上部的旋钮或同时拧松下部的两个旋钮。这样在水平和竖直两个方向进行多次调整后，用读数显微镜观察时即可看到细且锐的干涉圆环。

4.5　实验步骤

实验光路布局如图4-6所示，具体操作如下。

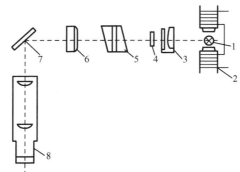

1—汞灯；2—电磁铁；3—聚光镜及偏振片；4—干涉滤光片；5—法布里-珀罗标准具；
6—汇聚透镜；7—反射镜；8—读数显微镜。

图4-6　实验光路布局

（1）调节自耦变压器的电压到50～70 V，使汞灯发光。

（2）调节光路。

（3）光路调节好后，用读数显微镜观察视场是否最亮，干涉圆环是否细且锐，否则应调节聚光镜和汇聚透镜或检查法布里-珀罗标准具是否已调平行。当在视场中观察到细且锐的一排干涉条纹时，加入磁场观察塞曼效应。转动偏振片，详细观察汞的5461 Å谱线分裂后的π成分和σ成分。

（4）用读数显微镜观察如图4-7所示的谱线，测量汞的5461 Å谱线分裂后的π成分连续相邻三个圆环的R_a、R_b、R_c值，利用式（4-31）、式（4-32）、式（4-33）、式（4-34）分别计算出波长差和波数差。

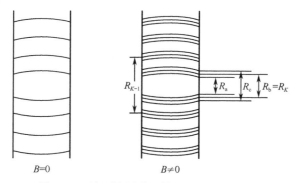

图4-7　不加磁场和加磁场后π成分的谱线

（5）实验值与理论值的比较。先利用式（4-16）计算出 $e/4\pi mc$ 的实验值，H 为实验时的磁场强度值；再用毫特斯拉计测量，$\Delta\tilde{\nu}$ 为实验中测量的 $\Delta\tilde{\nu}_{ab}$ 和 $\Delta\tilde{\nu}_{bc}$ 的平均值。

$M_2g_2 - M_1g_1 = \dfrac{1}{2}$，理论值 $\dfrac{e}{4\pi mc} = 4.67\times10^{-5}\ \mathrm{cm^{-1}\,GS^{-1}}$。

4.6　思考与讨论

（1）如果要求沿磁场方向观察塞曼效应，应怎样实现？

（2）法布里–珀罗标准具为什么能测量光源中微小的波长差？

第5章　激光全息照相

全息照相利用光的干涉和衍射原理，可以将某一面上光的振幅和相位信息同时记录下来，并在特定条件下实现波前的重构。如果记录的是某一物体表面反射出来的光，那么再现的光波波前携带了该物体表面的所有信息，与该物体表面反射的光类似，可以用来构建一个与该物体大小和形状一致的立体像。在本实验中，我们将一起学习全息照相的基本原理、发展历程和发展趋势；学习全息照相法和全息照片的冲洗过程，深刻理解光的波动性；掌握光路调节的基本技巧，了解激光的一些基本特性。

5.1　实验背景

20 世纪 40 年代，英国物理学家丹尼斯·伽博（Dennis Gabor）在一家电子显微镜公司工作，为了提高电子显微镜的分辨率，他提出了利用干涉原理同时记录电子波的振幅和相位信息的想法，指出通过相干电子波可实现像的再现，并于 1948 年拍摄出了世界上第一张全息照片，该技术被称为全息术（Holography）。"全息"一词源于希腊语"Holos"，是"完全"的意思。由于在全息学领域的开创性贡献，伽博在 1971 年被授予诺贝尔物理学奖。

全息照相的核心思想在于波前重建。由于光的相位随时间和空间变化，所以如果没有参考对象，光的相位信息就无法记录。为了准确记录光的相位信息，伽博引入相干光，利用干涉图样来记录两束光的相位差，波前重建可以通过相干光照射干涉图样实现。

在全息理论被提出时，激光器还没有被发明，伽博等利用汞灯、滤光片和针孔等设备获得的单色光的相干长度只有约 0.1 mm，如此短的相干长度要求实验中衍射光、参考光及被摄物体必须在同一轴上，因此该实验被称为同轴全息实验。较差的光学技术和孪生像的干扰使得全息技术在这个阶段的成果较少，这是全息照相的第一个发展阶段。1960 年激光器出现之后，全息技术进入第二个发展阶段。离轴全息技术可以有效地消除孪生像的干扰，从而获得物体的三维立体像。19 世纪 80 年代至今为全息照相的第三个发展阶段，主要以激光记录、白光再现为主，有反射全息、彩虹全息、像面全息和合成全息等技术。

全息照相以波的干涉和衍射为基础，对于其他波动过程，如红外线、微波、X 射线及声波、超声波等也适用。作为一门蓬勃发展的交叉学科，全息照相目前已被广泛应用于防伪、舞台表演、文物展览、信息存储、精密干涉测量、无损检测、光信息处理、微波全息、X 射线全息、超声全息等多个领域，并且还有许多潜在应用。因此，学习全息照相的相关知识不仅可以加深对光的波动性的理解，还具有重要的实际意义。

5.2　实验目的

（1）掌握全息照相的基本原理。
（2）学习激光光路调节的基本技巧。

（3）掌握静物菲涅尔全息图像和像平面全息图像的拍摄方法。

（4）完成菲涅尔全息记录和物像再现。

5.3　实验原理

在全息照相理论被提出之后的几十年里，人们不断改进和优化实验技术和方案，发展出了多种适用于不同场合的全息照相技术，如菲涅尔全息、像平面全息、彩虹全息等。其中，菲涅尔全息的应用最为广泛。

普通照相通常以几何光学为基础，物体表面漫反射的光（物光）经过透镜或透镜组后在某一平面上成一个二维的像，利用感光底片或光电耦合器件将像平面的光强分布记录下来就得到了像。普通照相的记录介质只能记录强度，即振幅信息，只能反映物体的亮暗，不能反映物点立体分布信息。物点立体分布信息包含在波前的相因子中，通过波前相因子的函数形式可以判断它是平面波还是球面波，以及传播方向和发散、汇聚的中心位置等。不能记录波前的相位信息就意味着无法记录空间立体信息。全息照相以光的波动理论为基础，利用与物光相干的参考光和物光之间的干涉来记录物光波的振幅和相位，感光底片上只记录携带了物光信息的干涉条纹，并不直接记录物体的像。经过显影、定影处理的感光底片在参考光的照射下可实现物光波前的重构，从而显现出被摄物体的三维立体像。

5.3.1　全息记录

设照射物体的光源为一束单色平面激光，经物体表面漫反射后产生的光波是一个复杂的波场，该波场是以物体表面为中心的无数球面波的叠加，波场中任意一点的相位和振幅都是空间坐标函数，其复振幅可以表示为

$$O(x,y,z) = O_0(x,y,z)\mathrm{e}^{\mathrm{i}\varphi_O(x,y,z)} \tag{5-1}$$

式中，(x,y,z) 为点的空间坐标；$O_0(x,y,z)$ 为物光的振幅；$\varphi_O(x,y,z)$ 为物光的相位分布。理论上振幅不随时间变化，但空间中某点的相位随时间变化。采用传统的方法无法记录相位信息，但是通过光的干涉可以利用记录相位差的方法间接记录相位信息。因此，我们将相干光源的一部分光作为照亮物体的物光，经物体表面漫反射后到达感光底片，将相干光源的另一部分光作为参考光，直接照射在感光底片上，两列波会在感光底片上产生干涉。将参考光记为

$$R(x,y,z) = R_0(x,y,z)\mathrm{e}^{\mathrm{i}\varphi_R(x,y,z)} \tag{5-2}$$

式中，$R_0(x,y,z)$ 为参考光的振幅；$\varphi_R(x,y,z)$ 为参考光的相位分布。感光底片上的光强是物光波和参考光的干涉叠加，复振幅为 $O+R$，所以有

$$\begin{aligned} I(x,y,z) &= (O+R)(O^*+R^*) \\ &= OO^* + RR^* + OR^* + RO^* \\ &= I_O + I_R + OR^* + RO^* \end{aligned} \tag{5-3}$$

式中，I_O、I_R 分别为物光和参考光的强度；O^*、R^* 分别为 O 和 R 的共轭量。$OR^* + RO^*$ 为干涉项，可以看出感光底片上的光强分布主要取决于干涉项带来的变化。干涉项可用物光和参考光的振幅与相位来表示，即

$$OR^* + RO^* = O_0 R_0 \mathrm{e}^{\mathrm{i}(\varphi_O - \varphi_R)} + O_0 R_0 \mathrm{e}^{-\mathrm{i}(\varphi_O - \varphi_R)} = 2O_0 R_0 \cos(\varphi_O - \varphi_R) \tag{5-4}$$

可以看出，干涉项的大小和正负情况完全取决于 φ_O 与 φ_R 的差值，由于物光和参考光是相

干光，所以其相位差完全取决于空间位置的变化，与时间无关。由于干涉条纹的亮度由物光和参考光的振幅与相位共同决定，所以干涉图样中包含物光波的振幅和相位信息。

将用于记录的感光底片放置在干涉处进行曝光，把干涉条纹记录下来，进行显影和定影处理后就得到一张全息图。对于吸收型的全息图，其透射率函数 T 与曝光时的光强 I 成正比，即

$$T(x,y,z) \propto I(x,y,z) = OO^* + RR^* + OR^* + RO^* \tag{5-5}$$

因此，通过干涉曝光和线性冲洗，物光波的振幅和相位信息被完整地记录下来，但是这里记录的并不是单纯的物光波，而是包含物光共轭波、参考光在内的许多信息，如何将有用的信息分离出来是下一个需要解决的问题。

5.3.2 物光波前的再现

物光波前的再现需要再现光作用在感光底片上。将照明光波的复振幅记为

$$R'(x,y,z) = R'_0(x,y,z)e^{i\varphi_{R'}(x,y,z)} \tag{5-6}$$

式中，$R'_0(x,y,z)$ 为再现光的振幅；$\varphi_{R'}(x,y,z)$ 为参考光的相位分布。经过全息图后的透射波前为

$$
\begin{aligned}
R'(x,y,z)T(x,y,z) &\propto R'[OO^* + RR^* + OR^* + RO^*] \\
&= (O_0^2 + R_0^2)R'_0 e^{i\varphi_{R'}} + O_0 R_0 R'_0 e^{i(\varphi_O - \varphi_R + \varphi_{R'})} + R_0 O_0 R'_0 e^{i(-\varphi_O + \varphi_R + \varphi_{R'})} \\
&= (O_0^2 + R_0^2)R'_0 e^{i\varphi_{R'}} + R_0 R'_0 e^{i(-\varphi_R + \varphi_{R'})}O_0 e^{i\varphi_O} + R_0 R'_0 e^{i(\varphi_R + \varphi_{R'})}O_0 e^{-i\varphi_O}
\end{aligned} \tag{5-7}
$$

我们可以通过波前函数来分析式（5-7）中各个部分分别代表怎样的光场。由于 $O_0^2 + R_0^2$ 为常数，所以第一项实际上就是带系数的再现光，即按几何光学路线前进的透射波，称为 0 级波；第二项正比于物光波 $O_0 e^{i\varphi_O}$，但前面多了常数因子 $R_0 R'_0$ 和相因子 $e^{i(-\varphi_R + \varphi_{R'})}$，称为+1 级波，根据基尔霍夫衍射原理，这一场分布决定了全息图后面的衍射空间有一个与原始物光波振幅和相位的相对分布完全相同的衍射波，正是这一光波形成了逼真的三维立体像；类似地，第三项正比于物光波的共轭波 $O_0 e^{-i\varphi_O}$，但前面多了常数因子 $R_0 R'_0$ 和相因子 $e^{i(\varphi_R + \varphi_{R'})}$，称为-1 级波，它是因衍射而产生的另一个一级衍射波，也称为孪生波，它在有些情况下会形成一个发生畸变的，并且在观察者看来物体的前后关系与实物相反的实像。一般来说，常数因子对成像的影响有限，主要影响像的亮度，而相因子会使像的大小和位置发生改变。

（1）在实验中，如果参考光 R 和再现光 R' 都是正入射的平面波，则有 $\varphi_R = 0$，$\varphi_{R'} = 0$，+1 级波和-1 级波的相因子项不再存在，+1 级波完美再现物光波，可以观察到物体的虚像；-1 级波是物光波的共轭波，可以观察到物体的实像。

（2）在实验中，如果参考光 R 和再现光 R' 具有相同的波面，则有 $\varphi_R = \varphi_{R'}$，+1 级波的相因子项不再存在，+1 级波完美再现物光波，可以观察到物体的虚像；-1 级波的相因子项为 $e^{i2\varphi_R}$，可以观测到一个孪生像。

（3）在实验中，如果参考光 R 和再现光 R' 为共轭波，则有 $\varphi_R = -\varphi_{R'}$，+1 级波的相因子项为 $e^{-i2\varphi_R}$，像的大小和位置被改变；-1 级波的相因子项消失，可以观测到实像。

上述三种情况是理想情况的特例，在实际应用中，参考光 R 和再现光 R' 并没有限制，它们可以具有不同的波类型甚至波长，这些都不影响像的再现，只是可能会改变像的大小和位置。在实际应用中，我们更关心的是如何将衍射场中的 0 级波、+1 级波和-1 级波在空间上分开，以避免孪生像带来干扰。

此外，全息照相具有多次记录性，可以用一束或几束不同方向的参考光在同一张感光底片上分别记录几个不同的物体，冲洗后用相应的参考光可以分别再现各自独立、互不干涉的图像。如果一个物体的位置随时间发生变化，那么若在同一张全息干板上相继进行两次重复曝光，则当物光再现时可以观察到前后两个全息图像，且两个图像的再现光之间会因干涉而形成干涉条纹，根据干涉条纹的分布可以计算物体表面各点位移的大小和方向。目前全息照相已发展成为一种测量物体微小位移或形变的常用手段。

常见的全息照相法有平面全息、体全息、彩虹全息等多种。平面全息又可分为傅里叶变换全息、菲涅尔全息和像平面全息等。在这里，我们重点学习菲涅尔全息，图 5-1、图 5-2 分别为菲涅尔全息照相的光路图和菲涅尔全息图像再现的光路图。

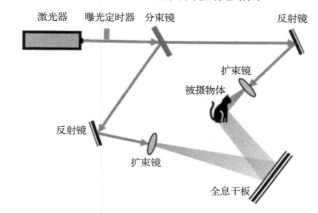

图 5-1　菲涅尔全息照相的光路图

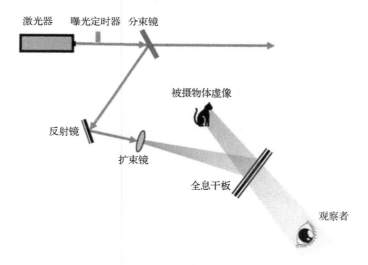

图 5-2　菲涅尔全息图像再现的光路图

5.4　实验装置

要完成一幅质量较高的全息图像的拍摄，实验须在暗室中进行，所使用的仪器必须具备以下条件。

光源：为了保证干涉图样在曝光过程中的稳定性，物光和参考光之间必须有很好的时间相干性及空间相干性，因此通常选择性能较好的激光器作为光源。常用的是 He-Ne 激光器，其波长为 632.8 nm。近几十年来激光器技术已经十分成熟，常见的 He-Ne 激光器谱线宽度一般在兆赫数量级，对应的相干长度已达到百米数量级，完全可以满足实验要求。

光学平台：由于光的干涉产生的条纹间距较小，曝光过程中外界微小的扰动就可能带来亮暗条纹位置的改变，从而使感光底片图样模糊，影响图像质量，因此在整个实验过程中光路系统需要十分稳定，常用的方法是将激光器、镜架、透镜等光学元器件的底座利用磁性底座或压脚固定在减震光学平台上，以尽可能避免外界震动带来的影响。

感光底片：用来记录信息的干涉条纹间距在微米数量级，为了保证成像质量，必须使用分辨率高于微米数量级的感光底片。

分束镜：为了保证物光和参考光之间的相干性，需要使用分束镜把一束激光分为两束，两束激光的强度比最好是可调的，一般使物光强度为参考光强度的 3～5 倍。

反射镜：通过调节反射镜的俯仰角度和方向，控制光束传播方向，以满足实验需要。

扩束镜：通常从激光器中发出的激光光斑直径为 1～2 mm，为了使光斑覆盖整个物体，需要使用扩束镜对激光光斑尺寸进行放大。

曝光定时器：只有在适当的曝光时间下才能获得亮度合适的全息图像，曝光定时器可以用来控制物光和参考光的开关。

此外，还需要镜架、干板架等光学配件和显影液、定影液等冲洗感光底片的必需品。

5.5　实验内容及步骤

5.5.1　全息记录

（1）打开激光器，按图 5-1 布置光路，并进行如下调整。

① 通过调整镜杆，使各元器件等高，并使激光光束尽量经过透镜或反射镜的中心位置。

② 使参考光均匀照亮胶片夹上的白纸屏，被摄物体各部分被均匀照亮，调整白纸屏的位置和角度，使漫反射的物光尽可能与参考光发生干涉，两光束夹角适中，以在 30°～60° 范围内为宜。

③ 分别测量物光和参考光的光程，计算光程差，通过调节光路，使光程差尽量小。

（2）曝光拍摄。

① 设置曝光时间，约为 10 s。

② 满足上述要求后，取下白纸屏，关掉照明灯光，换上全息干板。在暗室中的暗绿灯下把全息干板夹在胶片夹上，感光药面朝着被摄物体。

③ 静等 1～2 min，待整个系统稳定后，打开光源进行曝光，曝光后取下全息干板，将其放入暗盒。

5.5.2　全息照片的冲洗

全息照片的冲洗在暗室中进行，可在暗绿灯下操作，在整个过程中不能用手摸感光药面。

（1）用显影液显影 2～3 min，显影温度为 20 ℃，不断摇晃显影盆。

（2）水洗后放在温度为 19～20 ℃的停显液中 20～30 s。

（3）在温度为 19～20 ℃的 F-5 定影液中定影 5 min，在定影过程中不断摇晃定影盆。

（4）用自来水冲洗 1～2 min，晾干。

5.5.3　物像再现与观察

把制作好的全息照片放回原来位置（感光药面仍对着光），拿走被摄物体，遮住物光，只让参考光照射全息照片，在全息照片后面原物所在的方位可以观察到物的虚像。通常把激光束直接扩束，如图 5-2 所示。

（1）从不同方向反复观察，比较再现的物像有何变化，记录观察结果。

（2）用一张带有小孔的纸片贴近全息照片，人眼通过小孔观察虚像；改变小孔在全息照片上的位置，进行同样的观察，记录观察结果。

（3）改变光的波长或再现光束的曲率，观察再现物像的变化，记录观察结果。

（4）改变再现光的强度，观察再现物像的情况，记录观察结果。

菲涅尔全息图像的再现，可采用以下三种方法。

（1）用原参考光再现虚像。

（2）用与原参考光共轭的光再现虚像。

（3）用不扩束的激光束再现实像。

5.6　思考与讨论

（1）根据理论及实验结果总结全息照相和普通照相的异同。

（2）全息物像再现有什么要求？

（3）如果一张拍好的全息照片被损坏了或被部分污染了，用其中一部分再现物像，看到的是部分物像还是整个物像？为什么？

（4）在全息照相实验中为什么要求物光光程和参考光光程尽量相等？

（5）像平面全息照片为什么可以用白光再现？

（6）如果在再现物像时将感光底片倒置或前后面反置，观察到的物像会有什么变化？为什么？

（7）如果利用半波片在实验中改变参考光的偏振方向，对实验结果会有影响吗？

第 6 章　黑体辐射

任何物体都具有不断辐射、吸收、反射电磁波的性质。辐射出去的电磁波在各个波段是不同的，即具有一定的谱分布。这种谱分布与物体本身的特性及其温度有关，因此被称为热辐射。为了研究不依赖于物质具体特性的热辐射规律，物理学家定义了一种理想物体——黑体（Black Body）作为热辐射研究的标准物体。自然界中并不存在绝对黑体，但有些物体可以近似地当作黑体来处理。例如，一束光一旦从狭缝射入空腔体，就很难再通过该狭缝反射回来，这个开着狭缝的空腔体就可以看作黑体。在本实验中，我们将学习黑体的历史背景，普朗克辐射定律是如何被发现的，以及维恩位移定律的现实应用等。

6.1　实验背景

任何物体都具有不断辐射、吸收、反射电磁波的性质，只要其温度在绝对零度以上，就会向周围辐射电磁波，并且辐射出去的电磁波在各个波段是不同的，即具有一定的谱分布。这种谱分布与物体本身的特性及其温度有关，因此被称为热辐射，也叫温度辐射。黑体是一种完全的热辐射体，即任何非黑体的辐射通量都小于同温度下黑体的辐射通量。非黑体的辐射能力不仅与温度有关，而且与其表面材料的性质有关，而黑体的辐射能力仅与温度有关。黑体的辐射亮度在各个方向都相同，即黑体是一个完全的余弦辐射体。黑体是物理学家为了研究不依赖于物质具体特性的热辐射规律而定义的理想物体。辐射能力小于黑体，但辐射的光谱分布与黑体相同的热辐射体称为灰体。

6.2　实验目的

（1）学会测量一般光源的辐射能量曲线。
（2）验证普朗克辐射定律。
（3）验证斯特藩-玻尔兹曼定律。
（4）验证维恩位移定律。
（5）研究黑体和一般发光体辐射强度的关系。

6.3　实验原理

黑体可以吸收所有照射到它表面的电磁辐射，并将这些辐射转化为热辐射，其光谱特征仅与该黑体的温度有关，与黑体的材质无关。从经典物理学出发推导出的维恩位移定律在低频区域与实验数据不符，而从经典物理学的能量均分定理出发推导出的瑞利-金斯辐射定理在高频区域与实验数据不符，在辐射频率趋于无穷大时，能量也会趋于无穷大，这种结果被称为紫外灾变。1900 年 10 月，马克斯·普朗克将维恩位移定律加以改良，又将玻尔兹曼熵公式重新诠释，得出了一个与实验数据完全吻合的普朗克公式，该公式可用来描述黑体辐射。在诠释这个公式时，他假设这些量子谐振子的总能量不是连续的，只能是离散的数值。后来普朗克进一步假设单独量子谐振子吸收和发射的辐射能是量子化的，这就是著名的普朗克辐射定律。普朗克假说不仅完美地解释了绝对黑体的辐射规律，还解决了在经典热力学中固体比热与实验数据不符的问题。他提出的能量量子化已成为现代物理理论的重要概念。

6.3.1　黑体辐射的光谱分布——普朗克辐射定律

普朗克辐射定律用光谱辐射度表示，其形式为

$$E = \frac{C_1}{\lambda^5 \left(e^{\frac{C_2}{\lambda T}} - 1\right)} \quad (\text{W/m}^3) \tag{6-1}$$

式中，C_1 为第一辐射常数，$C_1 = 3.74 \times 10^{-16}$ W·m^2；C_2 第二辐射常数，$C_2 = 1.4398 \times 10^{-2}$ m·K。

黑体的辐射亮度为

$$L_{\lambda T} = \frac{E_{\lambda T}}{\pi} \quad (\text{W/(m}^3 \cdot \text{sr)}) \tag{6-2}$$

图 6-1 所示为黑体的辐射亮度随波长变化的曲线。其中，每条曲线上都标出了黑体的绝对温度（单位为 K）。与各条曲线的最大值相交的对角直线表示维恩位移定律。

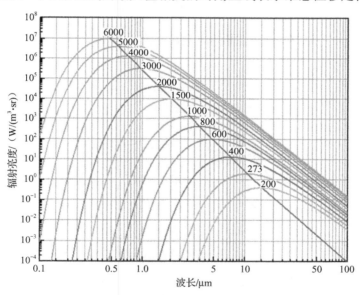

图 6-1　黑体的辐射亮度随波长变化的曲线

6.3.2　黑体的积分辐射——斯特藩-玻尔兹曼定律

斯特藩-玻尔兹曼定律用辐射度表示，其形式为

$$E_T = \int_0^\infty E_{\lambda T} \mathrm{d}\lambda = \delta T^4 \quad (\text{W/m}^2) \tag{6-3}$$

式中，T 为黑体的绝对温度；δ 为斯特藩-玻尔兹曼常数。

$$\delta = \frac{2\pi^5 k_B^4}{15 h^3 c^2} = 5.670 \times 10^{-8} \quad (\text{W/(m}^2 \cdot \text{K}^4)) \tag{6-4}$$

式中，k_B 为玻尔兹曼常数；h 为普朗克常量；c 为光速。

由于黑体辐射是各向同性的，所以其辐射亮度与辐射度有关系，即

$$L = \frac{E_T}{\pi} \qquad (6\text{-}5)$$

因此，斯特藩-玻尔兹曼定律也可以用辐射亮度表示为

$$L = \frac{\delta}{\pi} T^4 \quad (\text{W/(m}^2 \cdot \text{sr)}) \qquad (6\text{-}6)$$

6.3.3　维恩位移定律

辐射亮度最大值 $L_{\max}$ 对应的波长 $\lambda_{\max}$ 与它的绝对温度 T 成反比，即

$$\lambda_{\max} = \frac{A}{T} \qquad (6\text{-}7)$$

式中，A 为常数，$A = 2.896 \times 10^{-3} \text{ m} \cdot \text{K}$。$L_{\max} = 4.10 T^5 \times 10^{-6} \text{ W/(m}^3 \cdot \text{sr} \cdot \text{K}^5)$。在一定温度下，黑体的辐射亮度存在一个极值，这个极值的位置与温度有关。随着温度的升高，绝对黑体辐射亮度的最大值的波长向短波方向移动。

6.4　实验装置

本实验由 WGH-10 型黑体实验装置完成，其实物图如图 6-2 所示。

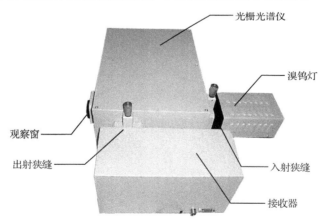

图 6-2　WGH-10 型黑体实验装置的实物图

6.4.1　主机

WGH-10 型黑体实验装置的主机由光栅光谱仪、狭缝、接收器、光学系统及光栅驱动系统等组成。狭缝为直狭缝，宽度范围为 0～2.5 mm 连续可调，顺时针旋转旋钮狭缝宽度增大，反之狭缝宽度减小，旋钮每旋转一周狭缝宽度变化 0.5 mm。为了延长狭缝使用寿命，在调节时要注意狭缝宽度不应超过 2.5 mm，平时不使用时狭缝宽度最好调到 0.1～0.5 mm。为了去除光栅光谱仪中的高级次光谱，在使用过程中，可根据需要把备用的滤光片插到入射狭缝插板上。主机光学系统采用 C-T 型光学系统，其原理图如图 6-3 所示。

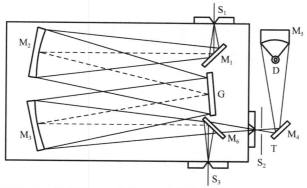

M_1—反射镜；M_2—准光镜；M_3—物镜；M_4—反射镜；M_5—深椭球镜；M_6—转镜；

G—平面衍射光栅；S_1—入射狭缝；S_2、S_3—出射狭缝；T—调制器；D—光电接收器。

图 6-3　主机光学系统的原理图

在图 6-3 中，入射狭缝、出射狭缝均为直狭缝，宽度范围为 0～2.5 mm 连续可调，光源发出的光束进入入射狭缝 S_1，S_1 位于反射式准光镜 M_2 的焦面上，通过 S_1 入射的光束经 M_2 反射成平行光束投到平面衍射光栅 G 上，衍射后的平行光束经物镜 M_3，通过 S_2，经 M_4、M_5 汇聚在光电接收器 D 上。其中，M_2、M_3 的焦距为 302.5 mm；G 每毫米刻线 300 条，闪耀波长为 1400 nm。滤光片的工作区间如下：第一片为 800～1000 nm；第二片为 1000～1600 nm；第三片为 1600～2500 nm。

仪器采用如图 6-4（a）所示的正弦机构进行波长扫描，丝杠由步进电动机通过同步带驱动，螺母沿丝杠轴线方向移动，正弦杆由弹簧拉靠在滑块上，正弦杆与光栅台连接，并绕光栅台中心回转，如图 6-4（b）所示，从而带动光栅转动，使不同波长的单色光依次通过出射狭缝从而完成扫描。

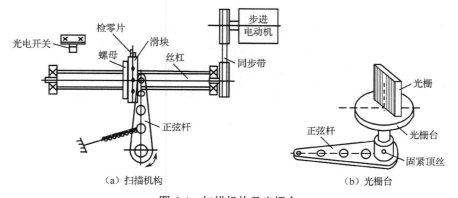

图 6-4　扫描机构及光栅台

6.4.2　溴钨灯

标准黑体应是黑体实验的主要装置，但购置一个标准黑体成本太高，所以本实验采用电压可调的稳压溴钨灯作为光源，溴钨灯的灯丝是用钨丝制成的，钨是难熔金属，它的熔点为 3665 ℃。

溴钨灯是一种选择性的辐射体，它产生的光谱是连续的，它的总辐射本领 R_T 为

$$R_T = \varepsilon_T \delta T^4 \tag{6-8}$$

式中，δ 为斯特藩-玻尔兹曼常数；ε_T 是温度为 T 时的总辐射系数。ε_T 是给定温度 T 下钨丝的辐射强度与绝对黑体的辐射强度之比，即

$$\varepsilon_T = \frac{R_T}{E_T} \text{ 或 } \varepsilon_T = 1 - e^{-BT} \tag{6-9}$$

式中，B 为常数，$B=1.47\times10^{-4}$。

溴钨灯的辐射光谱分布 $R_{\lambda T}$ 为

$$R_{\lambda T} = \frac{C_1 \varepsilon_{\lambda T}}{\lambda^5 \left(e^{\frac{C_2}{\lambda T}} - 1 \right)} \tag{6-10}$$

光源采用电压可调的稳压溴钨灯，其额定电压为 12 V，电压变化范围为 2～12 V。溴钨灯及滤光片插入结构如图 6-5 所示。

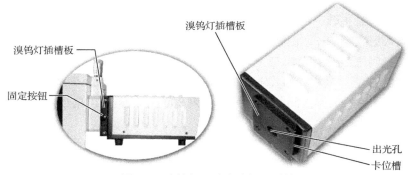

图 6-5　溴钨灯及滤光片插入结构

6.4.3　接收器

本实验装置的工作区间为 800～2500 nm，所以选用硫化铅（PbS）接收器进行数据采集。从光栅光谱仪出射狭缝射出的单色光信号由调制器调制成 50 Hz 的频率信号后被 PbS 接收器接收，选用的 PbS 接收器采用晶体管外壳结构，将 PbS 元件封装在晶体管壳内，充入干燥的氮气或其他惰性气体，并采用熔融或焊接工艺，以保证全密封。该接收器可在高温、潮湿条件下工作且性能稳定、可靠。

6.4.4　电控箱

电控箱（见图 6-6）用于控制光栅光谱仪工作，并把采集到的数据及反馈信号送入计算机。

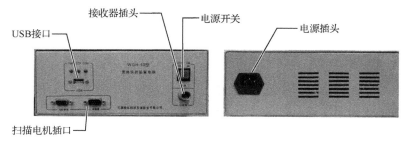

图 6-6　电控箱实物图

6.5　实验装置的软件及实验步骤

6.5.1　实验装置的软件

本实验装置的软件有三部分：第一部分是控制软件，主要用于控制系统的扫描、功能、数据采集等；第二部分是数据处理软件，用于对曲线进行处理，如曲线的平滑、四则运算等；第三部分是专门用于黑体实验的软件。前两部分很好理解，下面重点介绍第三部分软件。

第三部分软件主要用于完成黑体实验，主要可完成以下三项内容。

（1）建立传递函数曲线。

（2）修正为黑体。

（3）验证黑体辐射定律。

1．建立传递函数曲线

WGH-10 型黑体实验装置的软件界面如图 6-7 所示。

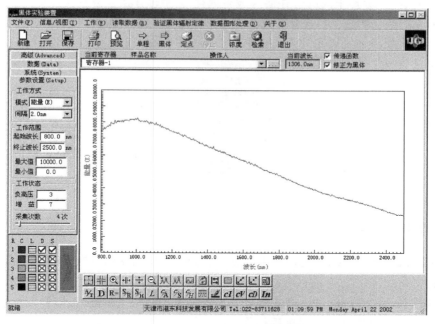

图 6-7　WGH-10 型黑体实验装置的软件界面

任何型号的光栅光谱仪在记录光源的辐射能量时都会受光栅光谱仪的各种光学元器件、接收器在不同波长处的响应系数的影响，习惯上称其为传递函数。为了消除传递函数的影响，本实验装置为用户提供了标准的溴钨灯作为光源，其辐射能量曲线是经过标定的。另外在软件内存储了一条该标准光源在 2940 K 时的辐射能量曲线。当用户需要建立传递函数曲线时，应按下列顺序操作。

（1）将标准光源电流调整为溴钨灯的色温表（见《实验装置使用说明书》）中色温为 2940 K 时的电流。

（2）预热 20 min 后，在系统中记录该条件下的全波段图谱。该光谱曲线中包含传递函数的影响。

（3）单击"验证黑体辐射定律"→"计算传递函数"，将该光谱曲线与已知光源的辐射能量曲线相除，即可得到传递函数曲线，并自动保存。

只要勾选了图 6-7 中右上方的"传递函数"复选框，在测量未知光源的辐射能量曲线时，测量结果中就已消除了传递函数的影响。

2．修正为黑体

任意发光体的光谱辐射本领与黑体辐射都有一个系数关系，软件内提供了钨的发射系数。只要勾选了图 6-7 中右上方的"修正为黑体"复选框，在测量溴钨灯的辐射能量曲线时就将自动修正为同温度下黑体的辐射能量曲线。

3．验证黑体辐射定律

将溴钨灯按《实验装置使用说明书》的要求安装好，先勾选图 6-7 中右上方的"传递函数"复选框和"修正为黑体"复选框，然后扫描并记录溴钨灯的辐射能量曲线。可设定不同的色温多次测试，并选择不同的寄存器（最多选择 5 个寄存器）分别将测试结果存入待用。有了以上测试数据，操作者可单击"验证黑体辐射定律"菜单按钮，根据软件提示，验证黑体辐射定律。"验证黑体辐射定律"下拉菜单如图 6-8 所示。

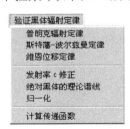

图 6-8 "验证黑体辐射定律"下拉菜单

6.5.2 实验步骤

（1）预热 20 min，将标准光源电流按照《实验装置使用说明书》中的出厂设置调到色温对应的电流。

（2）检索波长到 800 nm 处，模式选择"基线"，间隔为"1.0 nm"；取消勾选"传递函数""修正为黑体"两个复选框，选择单程扫描。

（3）单击"验证黑体辐射定律"→"计算传递函数"，计算传递函数并将结果自动保存在当前寄存器，即"寄存器-1"中。

（4）模式选择"能量"，寄存器选择"寄存器-2"。勾选"传递函数""修正为黑体"两个复选框，任选一组对应的电流及色温值，进行黑体扫描。扫描后单击"验证黑体辐射定律"→"归一化"，进行归一化处理。

（5）检索波长到 800 nm 处，任选一组对应的电流及色温值，寄存器选择"寄存器-3"，重复步骤（2）。

（6）检索波长到 800 nm 处，任选一组对应的电流及色温值，寄存器选择"寄存器-4"，重复步骤（2）。

（7）单击"验证黑体辐射定律"→"绝对黑体的理论谱线"，任选一个做过的色温值，寄存器选择"寄存器-5"，将数据存入该寄存器。

（8）验证各条定律。

① 验证普朗克辐射定律。单击"验证黑体辐射定律"→"普朗克辐射定律"，在 R_2、R_3、R_4 这 3 条曲线上分别取 3 个特征点，按回车键进行验证，计算出理论及实测值，截图（按 Alt+Print Screen 组合键）（共 9 幅）并保存在 Word 文档中。

② 验证斯特藩-玻尔兹曼定律。单击"验证黑体辐射定律"→"斯特藩-玻尔兹曼定律"，截图（共 1 幅）并保存在 Word 文档中。

③ 验证维恩位移定律。单击"验证黑体辐射定律"→"维恩位移定律"，截图（共 1 幅）并保存在 Word 文档中。

（9）先检索波长到 800 nm 处，然后关闭软件，最后按电控箱上的电源开关关闭实验装置电源。

6.6　注意事项

（1）在接通电源前，认真检查接线是否正确。

（2）狭缝的调整：狭缝为直狭缝，宽度范围为 0～2.5 mm 连续可调。为了延长狭缝使用寿命，在调节时要注意狭缝宽度不应超过 2.5 mm，平时不使用时狭缝宽度最好调到 0.1～0.5 mm。

（3）确认各条信号线及电源线连接好后，按电控箱上的电源开关，实验装置正式启动。

（4）先检索波长到 800 nm 处，使机械系统受力最小，然后关闭软件，最后按电控箱上的电源开关关闭实验装置电源。

6.7　思考与讨论

（1）试由普朗克公式推导斯特藩-玻尔兹曼定律及维恩位移定律。

（2）如何验证三条黑体辐射定律的正确性？

（3）天体温度如何测量？

（4）维恩位移定律的现实应用有哪些？

第 7 章　组合式多功能光栅光谱仪及其应用

在 20 世纪初，物理学家们普遍接受了原子的核式模型理论，肯定了原子核的存在，但是并不能确定原子核外电子的分布和运动情况。原子的光谱提供了原子内部的能级信息，为进一步的研究提供了许多资料。因此，研究元素的光谱成为认识原子结构的一个重要途径。在本实验中，我们将以钠原子光谱为例，通过对钠原子光谱的测量、分析和计算，加深对类氢原子最外层电子与原子实之间的相互作用和量子缺的理解，并全面掌握光谱分析的基本方法。

7.1　实验背景

通常情况下，光谱是电磁辐射的波长成分和强度分布的记录，波长范围通常为从紫外线到红外线。光谱的测量通常借助光谱仪来完成。下面以棱镜光谱仪为例，简单介绍光谱仪的工作原理。如图 7-1 所示，光源发出的光经狭缝 S 进入光谱仪内部，经透镜 L_1 准直后的平行光线照射在棱镜的一个面上，由于不同波长的光在棱镜中的折射率不同，所以不同波长的光会以不同角度从棱镜的另一个面出射，经透镜 L_2 汇聚后，不同波长的光汇聚在不同的位置，形成一系列实像。这样，不同波长的光在空间上分开，可以利用感光底片或光电耦合器件记录光的波长成分和强度分布，即光谱。根据产生机制不同，常用的光谱可分为吸收光谱、发射光谱和散射光谱，涉及从 X 射线、紫外线、可见光、红外线到微波和射频的波段。根据形状不同，光谱可分为线状谱、带状谱和连续谱。受激时物质的状态不同，发射光谱的形状就可能不同：在原子状态下，明线光谱为线状谱，如钠灯、汞灯、氢氖灯等的光谱；在分子状态下，光谱为带状谱，如氮放电灯的光谱；在炽热的固体、液体或高压气体状态下，光谱为连续谱，如钨灯、氙灯等的光谱。

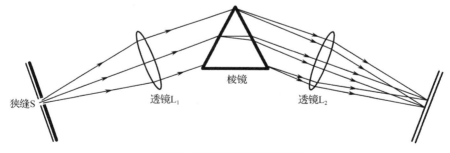

图 7-1　棱镜分光原理示意图

光谱是研究物质成分和微观结构的重要工具，被广泛地应用于化学分析、医药、生物、地质、冶金、考古等领域。例如，由于不同元素的原子能级结构各不相同，因此每种元素的光谱也有自己的特征，和人的指纹一样。特别是每种元素都有被称为住留谱线（RU 线）的特征谱线，如果试样的光谱中出现了某种元素的住留谱线，就说明试样中含有该元素。

早在 19 世纪，物理学家们就发现氢原子光谱在可见区和紫外区有很多呈现出一定间隔的谱线，从而认识到电子在绕原子核运动时只能处于一些能量不连续的状态。由于氢原子结构简单，只包含一个电子，因此其原子核与电子之间的相互作用比较简单。物理学家们借助氢原子光谱提出了许多关于原子能级结构的理论。后来，为了把建立起来的理论推广到其他结构复杂的原子中，人们最先想到的是原子最外层只有一个电子的碱金属原子，如钠原子。时至今日，钠原子光谱仍然是人们深入研究的元素光谱之一。

7.2　实验目的

（1）使用光栅光谱仪了解钠灯、汞灯的光谱图。
（2）掌握组合式多功能光栅光谱仪的结构和使用方法。
（3）学习通过光谱认识原子结构的手段。

7.3　实验原理

根据玻尔理论，氢原子的能级公式为

$$E(n) = -\frac{\mu e^4}{8\varepsilon_0^2 h^2}\frac{1}{n^2},\quad n=1,2,3,\cdots \tag{7-1}$$

式中，$\mu = m_e \Big/ \left(1+\dfrac{m_e}{M}\right)$ 称为约化质量，其中 m_e 为电子质量，M 为原子核质量，氢原子的 $M/m_e = 1836.15$；h 为普朗克常量，$h = 6.626\times10^{-34}\,\mathrm{J\cdot s}$；$\varepsilon_0 = 8.854\times10^{-12}\,\mathrm{F/m}$。氢原子在从高能级跃迁到低能级时，会发射一个光子，发射的光子能量 $h\nu$ 为两能级间的能量差，即

$$h\nu = E(n_2) - E(n_1),\quad n_2 > n_1 \tag{7-2}$$

用波数（$\sigma = \dfrac{1}{\lambda}$）表示为

$$\sigma = \frac{E(n_2)-E(n_1)}{hc} = \frac{R}{n_1^2} - \frac{R}{n_2^2} = T(n_1) - T(n_2) \tag{7-3}$$

式中，R 为里德伯常量，$R=109677.58\,\mathrm{cm^{-1}}$。$T(n)$ 被称为光谱项，$T(n) = \dfrac{R}{n^2}$，它与能级 $E(n)$ 是对应的，$E(n) = -hcT(n)$。利用里德伯常量 R 可得氢原子各能级的能量为

$$E(n) = -hc\frac{R}{n^2} \tag{7-4}$$

由理论可知，从 $n_2 \geq 3$ 至 $n_1 = 2$ 的跃迁，光子波长位于可见区，其光谱符合如下规律：

$$\sigma = \frac{R}{4} - \frac{R}{n_2^2},\quad n_2 = 3,4,5,\cdots \tag{7-5}$$

这就是 1885 年巴耳末发现并总结的经验规律，称为巴耳末系，氢原子的莱曼系位于紫外区，其他线系均位于红外区。

在碱金属原子中，原子的各个内壳层被电子占满，剩下的一个电子在最外层轨道上，此电子称为价电子。价电子与原子的结合较为松散，到原子核的距离比到其他内壳层电子远得多，因此可以把除价电子外的所有电子和原子核看作一个核心，称为原子实。原子的化学性质及光谱规律主要取决于价电子，因此碱金属原子有着与氢原子类似的光谱性质。由于价电

子电场的作用，原子实中带正电的原子核和带负电的电子的中心会发生微小的相对位移，于是负电荷的中心不再在原子核上，形成一个电偶极子。极化产生的电偶极子的电场作用于价电子，使它受到吸引力，从而引起能量降低。同时当价电子的部分轨道穿入原子实内部时，电子也将受到原子产生的附加引力，从而降低势能，这就是轨道贯穿现象。原子能量的这两项修正都与价电子的角动量有关，角量子数 l 越小，椭圆轨道的偏心率越大，轨道贯穿和原子实极化越显著，原子能量就越低。因此，碱金属原子的光谱虽然与氢原子的光谱类似，但也有不同之处。以钠原子为例，把波长变换为波数后，原子谱线的波数 σ_n^* 可以表示为两项差，即

$$\sigma_n^* = \frac{R}{n_1^{*2}} - \frac{R}{n_2^{*2}} \qquad (7\text{-}6)$$

式中，n_1^*、n_2^* 为有效量子数，这里考虑了原子实极化与轨道贯穿。当 n_2^* 无限大时，$\sigma_n^* = \sigma_\infty^*$，$\sigma_\infty^*$ 为线系限的波数。

钠原子光谱项为

$$T = \frac{R}{n^{*2}} = \frac{R}{(n-\Delta)^2} \qquad (7\text{-}7)$$

它与氢原子光谱项的差别在于有效量子数 n^* 不是整数，而是主量子数 n 减去一个数值，这个数值即量子修正 Δ，称为量子缺。量子缺是由原子实极化和价电子在原子实中的贯穿引起的，因此，价电子越靠近原子实，即 n 越小、l 越小，量子缺 Δ 越大（当 n 较小时，量子缺主要取决于l，实验中近似认为 Δ 与 n 无关）。

在钠原子光谱中一般可以观察到 4 个谱线系，如图 7-2 所示，各谱线系的波数公式如下。

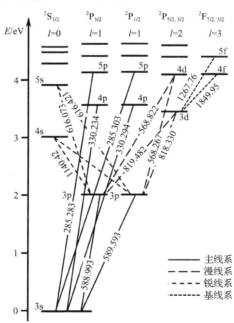

图 7-2　钠原子能级图

主线系：

$$\sigma = \frac{R}{(3-\Delta_s)^2} - \frac{R}{(n-\Delta_p)^2}, \quad n \geqslant 3$$

漫线系：

$$\sigma = \frac{R}{(3-\Delta_p)^2} - \frac{R}{(n-\Delta_d)}, \quad n \geq 3$$

锐线系：

$$\sigma = \frac{R}{(3-\Delta_p)^2} - \frac{R}{(n-\Delta_s)}, \quad n \geq 4$$

基线系：

$$\sigma = \frac{R}{(3-\Delta_d)^2} - \frac{R}{(n-\Delta_f)}, \quad n \geq 4$$

Δ_s、Δ_p、Δ_d、Δ_f 的下标分别表示角量子数 $l = 0,1,2,3$。在各谱线系的波数公式中，第一项是不变的，为固定项，第二项为可变项。由此在钠原子谱线中可以得出以下结论。

主线系：相当于 3s-np 跃迁，$n = 3,4,5\cdots$，主线系的谱线比较强，在可见区只有一条谱线，波长约为 589.3 nm，其余谱线皆在紫外区。

漫线系：相当于 3p-nd 跃迁，$n = 3,4,5\cdots$，其第一条谱线波长为 818.9 nm，其余谱线皆在可见区。锐线系的谱线较弱，但谱线边缘较清晰。

锐线系：相当于 3p-ns 跃迁，$n = 4,5,6\cdots$，漫线系的谱线较粗且边缘模糊，第一条谱线在红外区，波长约为 1139.3 nm，其余谱线皆在可见区。

基线系：相当于 3d-nf 跃迁，$n = 4,5,6\cdots$，其谱线很弱，皆在红外区。

在绕核运动的过程中，电子的自旋会与轨道运动相互作用，这种相互作用被称为自旋-轨道耦合。轨道运动产生的磁场与自旋磁矩相互作用会产生附加能量，附加能量 U 的大小取决于自旋角动量 s 与轨道角动量 l 的相对取向，即

$$U = \begin{cases} \dfrac{(aZ)^4 E_0}{2n^3(2l+1)(l+1)}, & j = l + \dfrac{1}{2}, \quad l \neq 0 \\[3mm] -\dfrac{(aZ)^4 E_0}{2n^3 l(2l+1)}, & j = l - \dfrac{1}{2}, \quad l \neq 0 \end{cases} \tag{7-8}$$

两者的差值大小为

$$\Delta U = \frac{(aZ)^4 E_0}{2n^3 l(l+1)} \tag{7-9}$$

可以看出，$l = 0$ 的能级不分裂，只有 $l \neq 0$ 的能级才会分裂，双重能级的间隔随 l 和 n 的增大而减小。钠原子光谱中主线系和锐线系是双线结构，漫线系和基线系是三线结构。

7.4　实验装置

本实验的实验装置为 WGD-8A 型组合式多功能光栅光谱仪、钠灯、汞灯、氢氖灯。

7.5　实验内容及步骤

本实验的主要内容为钠原子发射光谱的测量和量子缺的计算。

7.5.1 光栅光谱仪的波长修正

（1）打开钠灯电源和光栅光谱仪电源，预热 10 min 左右。

（2）打开计算机，打开"WGD-8A 倍增管系统"软件，等待初始化完成。

（3）工作方式选择"能量"；两个数据点的间隔设置为 0.01 nm 或 0.02 nm；工作范围设置为 580～600 nm；最大值设置为 1000；负高压设置为 5 或 6，增益设置为 3；采集次数设置为 5 左右；放大电压设置为 500 V；进光狭缝宽度小于 0.5 mm，具体数据可根据测量强度确定。设置完成后单击"单程"按钮采集光谱。

（4）单击"读取数据"→"寻峰"→"自动寻峰"→"检测峰/谷"，读出双峰数值，与标准数值（589.00 nm 和 589.60 nm）进行对比，计算测量结果与标准值的误差，单击"读取数据"→"波长修正"，完成波长校准工作。

7.5.2 钠原子 4p-3s 谱线的观察与测量

在钠原子的发射光谱中，不同谱线的强度差别很大，因此在测量不同的谱线时需要根据强度的大小选择合适的实验条件。在实验中通常通过调节入射狭缝、出射狭缝的宽度来控制进入光电倍增管的光子数目，或者通过设置负高压和增益来调节输出值的大小。

由于钠原子中 4p-3s 谱线的强度远小于 3p-3s 的跃迁强度，所以在接下来的测量中需要先将放大电压调为 1000 V，增益改为 7，采集次数设置为 50，并把测量范围设置为 320～340 nm，然后完成该谱线的测量。钠原子光谱主线系如图 7-3 所示。

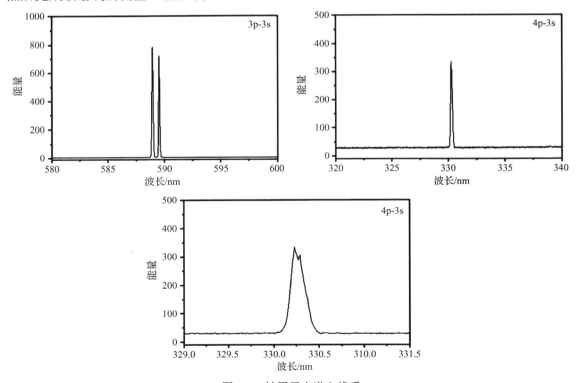

图 7-3　钠原子光谱主线系

7.5.3　光谱项、能级和量子缺的计算

1．光谱项的确定

各光谱项 T 及线系限 σ_∞ 可由同一线系的不同谱线波数 $\sigma_n = \dfrac{1}{\lambda_n}$ 获得。同一线系相邻谱线的波数分别为

$$\sigma_n = \sigma_\infty - \frac{R}{(n-\Delta)^2} \tag{7-10}$$

$$\sigma_{n+1} = \sigma_\infty - \frac{R}{(n+1-\Delta)^2} \tag{7-11}$$

相邻谱线的波数差为

$$\Delta\sigma_n = \sigma_{n+1} - \sigma_n = \frac{R}{(n-\Delta)^2} - \frac{R}{(n+1-\Delta)^2} = \frac{R}{n^{*2}} - \frac{R}{(n^*+1)^2} \tag{7-12}$$

由式（7-12）可求出 n^*，从而可求出各光谱项，即

$$T(n) = \frac{R}{n^{*2}} = \frac{R}{(n-\Delta)^2} \tag{7-13}$$

各线系的 σ_∞ 的计算公式为

$$\sigma_\infty = \sigma_n + \frac{R}{n^{*2}} = \sigma_n + T(n) \tag{7-14}$$

因为由式（7-12）直接求 n^* 比较烦琐，所以一般利用里德伯插值表来求解。

2．由光谱项确定能级

基态能级为

$$E = -\sigma_\infty hc$$

其他各激发态能级为

$$E_n = -hc(\sigma_n - \sigma_\infty)$$

因此，由主线系、锐线系、漫线系、基线系可以分别写出 np 态、ns 态、nd 态和 nf 态各能级。

3．确定量子缺和主量子数

在每个线系中，计算相邻两条谱线的波数差，并令 $n - \Delta = m + a$ ，由里德伯插值表求出相应的 m 和 a，即可求出量子缺 Δ 和主量子数 n。

4．数据处理

根据实验中获取的钠原子主线系谱线，计算其各光谱项、能级和量子缺。根据计算结果，以波数或能量为变量，画出钠原子主线系的能级图，并与氢原子的能级进行对比。

7.6　思考与讨论

（1）用 Excel 中的"单变量求解"功能处理钠原子光谱实验数据，求解各光谱项及量子数亏损。

（2）利用 MATLAB 编写程序求解各光谱项及量子数亏损。

7.7 量子数亏损及固定项值的计算举例和里德伯插值表

以钠原子锐线系谱线为例，其两条双重谱线 3p-5s 与 3p-6s 的平均波长分别为 $\lambda_1 = 615.50$ nm 与 $\lambda_2 = 514.96$ nm，其波数分别为 $\sigma_1 = 16246.9$ cm^{-1} 与 $\sigma_2 = 19419.0$ cm^{-1}，波数差为 $\sigma_2 - \sigma_1 = 3172.1$ cm^{-1}，这就是 6s 与 5s 能级间的波数差。在里德伯插值表中找到与该波数差接近的数值，可发现在 m 为 3-4 一列中，a 为 0.66 与 0.64 时对应的值分别为 3138.66 和 3185.27，即 $\Delta\sigma_n$ 与里伯德插值表中的数据不符，可根据附近的两个数值，利用线性插值法求出所测的 n^* 及 $T(n)$。3138.66 的左侧为 8192.04，即 5s 的光谱项 T_{5s}，对应 $m = 3$ 和 $a = 0.66$，有效量子数 $n_1'^* = 3.66$；右侧为 $T_{6s} = 5053.39$，对应 $m = 4$ 和 $a = 0.66$，有效量子数 $n_2'^* = 4.66$。也就是说，3138.66 实为 $n_1'^* = 3.66$ 和 $n_2'^* = 4.66$ 两光谱项之差。同理，3185.27 实为 $n_1''^* = 3.64$ 和 $n_2''^* = 4.64$ 两光谱项之差。由此可见，设实测所得的项值差 3172.1 为 n_1^* 与 n_2^* 两光谱项之差，则 n_1^* 应介于 3.64 与 3.66 之间，n_2^* 应介于 4.64 与 4.66 之间，其差别在于小数部分。

利用内插法求 a 的实际值：

$$a = 0.66 - \frac{3172.1 - 3138.66}{3185.27 - 3138.66} \times (0.66 - 0.64) \approx 0.646$$

所以

$$m + a = n^* = 3.646$$

因此，有

$$n_1^* = 3.646, \quad n_2^* = 4.646$$

由于

$$n - \Delta_l = m + a$$

因此若令

$$n = 5$$

则可得

$$\Delta_l = 1.354$$

里德伯插值表如表 7-1 所示。

表 7-1 里德伯插值表

a	m									
	1	1～2	2	2～3	3	3～4	4	4～5	5	5～6
0.00	109737.31	82302.98	27434.33	15241.29	12193.03	5334.45	6858.58	2469.09	4389.49	1341.23
0.02	105476.08	78582.31	26893.76	14861.69	12032.07	5241.57	6790.51	2435.92	4354.59	1326.55
0.04	101458.30	75089.28	26369.02	14494.74	11874.28	5150.84	6723.44	2403.35	4320.09	1312.08
0.06	97665.81	71806.32	25859.48	14139.92	11719.56	5062.20	6657.36	2371.35	4286.01	1297.82
0.08	94082.05	68717.47	25364.58	13796.72	11567.86	4975.60	6592.25	2339.93	4252.33	1283.76
0.10	90691.98	65808.24	24883.74	13464.67	11419.07	4890.98	6528.10	2309.05	4219.04	1269.91
0.12	87481.90	63065.45	24416.45	13143.31	11273.15	4808.27	6464.87	2278.73	4186.15	1256.26
0.14	84439.30	60477.09	23962.20	12832.21	11130.00	4727.44	6402.56	2248.93	4153.63	1242.80
0.16	81552.70	58032.18	23520.51	12530.96	10989.56	4648.41	6341.14	2219.65	4121.50	1229.53
0.18	78811.63	55720.70	23090.92	12239.17	10851.76	4571.15	6280.61	2190.88	4089.73	1216.46

续表

a	m									
	1	1~2	2	2~3	3	3~4	4	4~5	5	5~6
0.20	76206.47	53533.47	22673.00	11956.46	10716.53	4495.60	6220.94	2162.60	4058.33	1203.56
0.22	73728.37	51462.06	22266.32	11682.49	10583.82	4421.71	6162.11	2134.82	4027.29	1190.85
0.24	71369.22	49498.74	21870.48	11416.92	10453.56	4349.45	6104.11	2107.50	3996.61	1178.32
0.26	69121.51	47636.41	21485.10	11159.41	10325.69	4278.76	6046.93	2080.66	3966.27	1165.97
0.28	66978.34	45868.51	21109.82	10909.67	10200.15	4209.60	5990.55	2054.27	3936.28	1153.79
0.30	64933.32	44189.03	20744.29	10667.41	10076.89	4141.93	5934.95	2028.32	3906.63	1141.77
0.32	62980.55	42592.38	20388.17	10432.33	9955.85	4075.72	5880.13	2002.81	3877.31	1129.93
0.34	61114.56	41073.42	20041.15	10204.18	9836.97	4010.91	5826.06	1977.73	3848.33	1118.24
0.36	59330.29	39627.39	19702.91	9982.69	9720.21	3947.48	5772.73	1953.07	3819.66	1106.72
0.38	57623.04	38249.88	19373.16	9767.64	9605.52	3885.39	5720.13	1928.82	3791.31	1095.36
0.40	55988.42	36936.81	19051.62	9558.77	9492.85	3824.60	5668.25	1904.97	3763.28	1084.15
0.42	54422.39	35684.38	18738.01	9355.87	9382.14	3765.07	5617.07	1881.51	3735.56	1073.09
0.44	52921.16	34489.06	18432.09	9158.73	9273.37	3706.79	5566.58	1858.44	3708.14	1062.19
0.46	51481.19	33347.59	18133.60	8967.13	9166.47	3649.70	5516.77	1835.74	3681.03	1051.43
0.48	50099.21	32256.91	17842.30	8780.89	9061.41	3593.79	5467.62	1813.41	3654.21	1040.82
0.50	48772.14	31214.17	17557.97	8599.82	8958.15	3539.02	5419.13	1791.45	3627.68	1030.35
0.52	47497.10	30216.73	17280.38	8423.74	8856.64	3485.36	5371.28	1769.84	3601.44	1020.02
0.54	46271.42	29262.11	17009.32	8252.47	8756.85	3432.79	5324.06	1748.57	3575.48	1009.83
0.56	45092.58	28348.00	16744.58	8085.85	8658.73	3381.28	5277.46	1727.65	3549.81	999.77
0.58	43958.22	27472.24	16485.98	7923.73	8562.26	3330.79	5231.47	1707.06	3524.41	989.85
0.60	42866.14	26632.81	16233.33	7765.94	8467.39	3281.31	5186.07	1686.80	3499.28	980.05
0.62	41814.25	25827.81	15986.44	7612.36	8374.08	3232.81	5141.27	1666.85	3474.41	970.39
0.64	40800.61	25055.47	15745.14	7462.83	8282.31	3185.27	5097.04	1647.23	3449.82	960.86
0.66	39823.38	24314.12	15509.26	7317.22	8192.04	3138.66	5053.39	1627.91	3425.48	951.45
0.68	38880.85	23602.21	15278.64	7175.40	8103.24	3092.95	5010.29	1608.89	3401.40	942.16
0.70	37971.39	22918.26	15053.13	7037.26	8015.87	3048.14	4967.74	1590.17	3377.57	932.99
0.72	37093.47	22260.89	14832.57	6902.66	7929.91	3004.19	4925.73	1571.73	3353.99	923.94
0.74	36245.64	21628.81	14616.83	6771.50	7845.33	2961.08	4884.25	1553.59	3330.66	915.01
0.76	35426.56	21020.80	14405.76	6643.67	7762.09	2918.80	4843.29	1535.72	3307.57	906.19
0.78	34634.93	20435.70	14199.23	6519.06	7680.17	2877.32	4802.84	1518.12	3284.72	897.49
0.80	33869.54	19872.43	13997.11	6397.57	7599.54	2836.63	4762.90	1500.80	3262.11	888.90
0.82	33129.24	19329.98	13799.27	6279.10	7520.17	2796.71	4723.46	1483.73	3239.73	880.41
0.84	32412.96	18807.36	13605.60	6163.56	7442.04	2757.53	4684.50	1466.93	3217.57	872.04
0.86	31719.65	18303.68	13415.98	6050.86	7365.12	2719.09	4646.03	1450.38	3195.65	863.77
0.88	31048.36	17818.07	13230.29	5940.90	7289.38	2681.36	4608.02	1434.08	3173.95	855.61
0.90	30398.15	17349.72	13048.43	5833.62	7214.81	2644.33	4570.48	1418.02	3152.47	847.54
0.92	29768.15	16897.85	12870.30	5728.92	7141.38	2607.98	4533.40	1402.20	3131.20	839.58
0.94	29157.54	16461.75	12695.79	5626.72	7069.06	2572.30	4496.77	1386.62	3110.15	831.72
0.96	28565.52	16040.72	12524.80	5526.96	6997.84	2537.26	4460.58	1371.26	3089.31	823.96
0.98	27991.36	15634.11	12357.25	5429.56	6927.69	2502.87	4424.82	1356.14	3068.68	816.29

第8章　激光拉曼散射

光在照射到物质上时，会与物质中的分子发生作用，从而产生散射光，大部分散射光与入射光的波长相同，这类散射称为瑞利（Rayleigh）散射；有一小部分散射光的频率与入射光的频率不同，这类散射称为拉曼（Roman）散射。对于特定波长的入射光，拉曼散射光的波长取决于物质的性质，因此拉曼散射可以用于物质的结构、成分、含量等多方面的研究。在本实验中，我们将以 CCl_4 溶液为例，学习其分子振动模式与散射光谱之间的关系，学会利用拉曼光谱完成对物质成分的分析。

8.1　实验背景

拉曼散射现象由印度物理学家拉曼（C. V. Raman）和苏联科学家曼杰斯塔姆（л·и·мандеьщгам）分别在 1928 年独立发现。由于拉曼散射强度很弱，因此早先的拉曼光谱主要局限于线性拉曼光谱，在应用上以结构化学分析居多。但是 20 世纪 60 年代激光技术的出现和接收技术的不断改进，使拉曼光谱突破了原先的局限，获得了迅猛的发展，在实验技术上，迅速地出现了共振拉曼散射、高阶拉曼散射、反转拉曼反射、受激拉曼散射和相干反斯托克斯拉曼散射等非线性拉曼散射，以及时间分辨拉曼散射与空间分辨拉曼散射等各种新的光谱技术。随着拉曼光谱技术的发展，凝聚态中的电子波、自旋波和其他元激发所引起的拉曼散射不断被观察到，并成为拉曼光谱的研究对象。如今，拉曼光谱学在物理、化学、地球科学和生命科学等多个领域得到了日益广泛的应用。

8.2　实验目的

（1）了解拉曼散射用于分子结构研究及光谱分析的机理。
（2）掌握激光拉曼/荧光光谱仪的结构原理及使用方法。
（3）测定 CCl_4 溶液的拉曼光谱。

8.3　实验原理

8.3.1　拉曼散射

光在照射到物质上时，除被物质吸收、反射和透射以外，总有一部分光被散射。散射光按频率可分成三类：第一类散射光的频率与入射光的频率基本相同，频率变化小于 3×10^5 Hz，或者说波数变化小于 10^{-5} cm^{-1}，这类散射称为瑞利散射；第二类散射光的频率与入射光的频率有较大差别，频率变化大于 3×10^{10} Hz，或者说波数变化大于 1 cm^{-1}，这类散射称为拉曼散射；第三类散射光的频率与入射光的频率之差介于上述两者之间，这类散射称为布里渊

（Brillouin）散射。从散射光的强度来看，瑞利散射光的强度最大，一般为入射光强度的 10^{-3} 左右，常规拉曼散射光的强度是最小的，一般小于入射光强度的 10^{-6}。

用光电方法记录的某一样品的振动拉曼光谱如图 8-1 所示。设 $\tilde{v}_0$ 是入射光的波数，$\tilde{v}$ 是散射光的波数，散射光与入射光的波数差定义为 $\Delta\tilde{v}=\tilde{v}-\tilde{v}_0$。那么，对于拉曼光谱，$\Delta\tilde{v}<0$ 的散射光线称为红伴线或斯托克斯（Stokes）线；$\Delta\tilde{v}>0$ 的散射光线称为紫伴线或反斯托克斯（anti-Stokes）线。拉曼光谱在外观上有三个明显的特征：第一，对于同一样品，同一拉曼散射光线的波数差 $\Delta\tilde{v}$ 与入射光波长无关；第二，在以波数为变量的拉曼光谱图上，如果以入射光波数为中心点，则斯托克斯线和反斯托克斯线对称地分布在入射光的两边；第三，斯托克斯线的强度一般都大于反斯托克斯线的强度。拉曼光谱的上述特点是散射体内部结构和运动状态的反映，也是拉曼散射固有机制的体现。

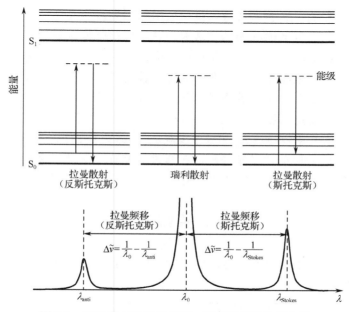

图 8-1　用光电方法记录的某一样品的振动拉曼光谱

8.3.2　拉曼散射的经典解释

一束频率为 ω_{p} 的光入射到一个分子上，可使分子的电子云势发生变形并重新分布，从而产生场致电耦极矩 $\boldsymbol{\mu}$：

$$\boldsymbol{\mu}=\alpha\boldsymbol{E} \tag{8-1}$$

$$\boldsymbol{E}=\boldsymbol{E}_0\cos(\omega_{\mathrm{p}}t+\delta_{\mathrm{p}}) \tag{8-2}$$

如果把入射光看成平面单色波，式（8-2）就是入射光电场的表达式。如果分子是各向同性的，α 就是一个标量，简单地看成一个比例常数。我们称 α 为分子的电极化率。如果分子是各向异性的，α 就是一个张量。α 与外电场无关，但与分子的构型和振动模式有关。若 Q_K 是分子振动的简正坐标，则 $\alpha=\alpha(Q_K)$。若振动振幅很小，则 α 可展开为

$$\alpha=\alpha_{\mathrm{e}}+\sum_K\left(\frac{\partial\alpha}{\partial Q_K}\right)_{\mathrm{e}}Q_K+\cdots \tag{8-3}$$

Q_K 是时间的简谐函数：

$$Q_K = Q_0^{(K)} \cos(\omega_K t + \delta_K) \tag{8-4}$$

式中，$\omega_K = 2\pi\nu_K$ 是第 K 简正模的角频率，把式（8-2）、式（8-3）和式（8-4）式代入式（8-1）得

$$
\begin{aligned}
\boldsymbol{\mu} = \alpha\boldsymbol{E} &= \boldsymbol{E}_0 \left\{ \alpha_e \cos(\omega_p t + \delta_p) + \sum_K \left(\frac{\partial \alpha}{\partial Q_K}\right)_e Q_0^{(K)} \cos(\omega_K t + \delta_K) \cdot \cos(\omega_p t + \delta_p) \right\} \\
&= \boldsymbol{E}_0 \left\{ \alpha_e \cos(\omega_p t + \delta_p) + \sum_K \left(\frac{\partial \alpha}{\partial Q_K}\right)_e Q_0^{(K)} \left[\frac{1}{2}\cos((\omega_p + \omega_K)t + (\delta_p + \delta_K))\right] \right. \\
&\qquad \left. + \left[\frac{1}{2}\cos((\omega_p - \omega_K)t + (\delta_p - \delta_K))\right] \right\}
\end{aligned} \tag{8-5}
$$

显然，式（8-5）中有三种频率成分。第一项中频率为 ω_p，散射光没有频率改变，并且直接同分子极化率有关，这种散射称为瑞利散射，它对应非弹性散射过程。剩下的各项中包括 $\omega_p + \omega_K$ 和 $\omega_p - \omega_K$ 频率成分，$\omega_p + \omega_K$ 叫作反斯托克斯频率，$\omega_p - \omega_K$ 叫作斯托克斯频率。这些比较简单的数学运算中，显露出了用经典辐射理论描述的瑞利散射和拉曼散射机制的定性图像。瑞利散射是由振荡频率为 ω_p 的偶极子引起的，该偶极子是由振荡频率为 ω_p 的入射光电场在分子中感生出来的。拉曼散射是振荡频率为 ω_K 的分子振动调制而成的。在拉曼散射中所观察到的各种频率是入射光电场频率 ω_p 和分子振动频率 ω_K 之间的拍频。

本实验只涉及线性的振动拉曼光谱，旨在通过典型分子振动拉曼光谱实验，使同学们对拉曼散射的基本原理及实验技术有初步的了解。

8.4　实验装置

本实验在 LRS-Ⅱ/Ⅲ型激光拉曼/荧光光谱仪上进行，其结构示意图及光学原理图分别如图 8-2 和图 8-3 所示。

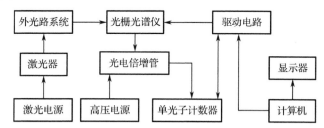

图 8-2　LRS-Ⅱ/Ⅲ型激光拉曼/荧光光谱仪的结构示意图

下面分别阐述实验装置主要部件，即光栅光谱仪、激光器、外光路系统、偏振部件、单光子计数器等的结构原理。

1. 光栅光谱仪

光栅光谱仪的光学结构示意图如图 8-4 所示。其中，S_1 为入射狭缝，M_1 为准直镜，G 为平面衍射光栅，衍射光束经成像物镜 M_2 汇聚，经平面镜 M_3 反射后从出射狭缝 S_2 射出。在 S_2 外侧有一个光电倍增管，当光栅光谱仪的光栅转动时，光谱信号通过光电倍增管转换成相应

的电脉冲，由单光子计数器放大、计数，并送入计算机进行处理，在显示器的荧光屏上可得到光谱的分布曲线。

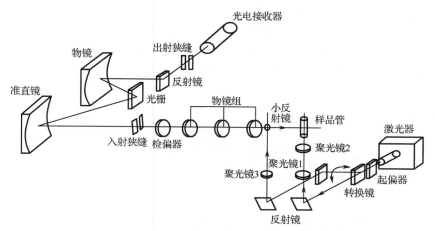

图 8-3　LRS-Ⅱ/Ⅲ型激光拉曼/荧光光谱仪的光学原理图

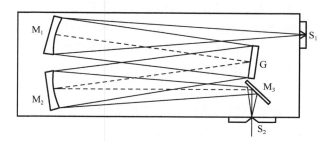

图 8-4　光栅光谱仪的光学结构示意图

2．激光器

光栅光谱仪采用 40 mW 的半导体激光器，该激光器输出的激光为偏振光，其操作步骤参见《半导体激光器说明书》。

3．外光路系统

外光路系统主要由激发光源（激光器）、五维可调样品支架 S，偏振组件 P_1 和 P_2，以及聚光镜 C_1 和 C_2 等组成，如图 8-5 所示。

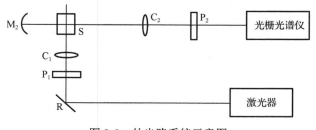

图 8-5　外光路系统示意图

激光器射出的激光被反射镜 R 反射后，照射到样品上。为了得到较强的激光，可以采用

一个聚光镜 C_1 使激光聚焦，在样品容器的中央部位形成激光的束腰。为了增强效果，在容器的另一侧放置一个凹面反射镜 M_2。M_2 可使样品在该侧的散射光返回，最后由聚光镜 C_2 把散射光汇聚到光栅光谱仪的入射狭缝中。

调节好外光路是获得拉曼光谱的关键。首先，应使外光路与光栅光谱仪的内光路共轴。一般情况下，它们都已调好并被固定在一个刚性台架上。其次，应使激光照射在样品上的束腰恰好被成像在光栅光谱仪的入射狭缝中。是否处于最佳成像位置可通过光栅光谱仪扫描出的某条拉曼光谱线的强弱来判断。

4．偏振部件

在做偏振测量实验时，应在外光路系统中放置偏振部件，包括改变入射光偏振方向的偏振旋转器，以及起偏器和检偏器。

5．单光子计数器

拉曼散射光是一种极微弱的光，其强度小于入射光强度的 10^{-6}，比光电倍增管本身的热噪声水平还低，采用常用的直流检测方法已不能把这种淹没在噪声中的信号提取出来。

单光子计数器利用弱光下光电倍增管输出电流信号自然离散的特征，采用脉冲高度甄别和数字计数技术将淹没在噪声中的弱光信号提取出来。与锁定放大器等模拟检测技术相比，单光子计数器基本消除了光电倍增管高压直流漏电和各倍增极热噪声的影响，提高了信噪比；受光电倍增管漂移、系统增益变化的影响较小；输出的是脉冲信号，不用经过 A/D 转换，可直接送到计算机中进行处理。

在进行非弱光测量时，通常测量光电倍增管的阳极电阻上的电压。测得的信号（或电压）是连续信号。当弱光照射到光阴极时，每个入射光子以一定的概率（量子效率）使光阴极发射一个电子。这个光电子经光电倍增管倍增后在阳极回路中形成一个电流脉冲，通过负载电阻形成一个电压脉冲，这个脉冲称为单光子脉冲。除单光子脉冲外，还有倍增极的热发射电子在阳极回路中形成的热发射噪声脉冲。由于热发射电子倍增的次数比光电子少，因此它在阳极上形成的脉冲幅度较低。此外还有光阴极的热发射形成的脉冲。光电倍增管的输出脉冲分布如图 8-6 所示。脉冲幅度较小的主要是热发射噪声信号，而光阴极发射的电子（包括光电子和热发射电子）形成的脉冲幅度较大，出现"单光电子峰"。用脉冲幅度甄别器抑制幅度低于 U_h 的脉冲，只让幅度高于 U_h 的脉冲通过，就能实现单光子计数。

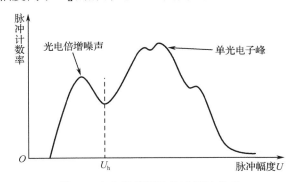

图 8-6　光电倍增管的输出脉冲分布

单光子计数的原理框图如图 8-7 所示。

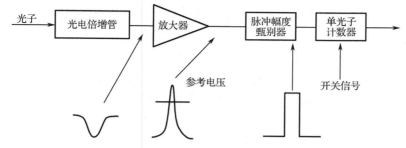

图 8-7　单光子计数的原理框图

光电倍增管的光谱响应应适合所用的工作波段，暗电流要小（它决定了光电倍增管的探测灵敏度），响应速度及光阴极要稳定。光电倍增管的性能好坏直接关系到单光子计数器能否正常工作。

放大器的功能是把光电子脉冲和噪声脉冲线性放大，其应有一定的增益，上升时间≤3 ns，即放大器的通频带宽达 100 MHz，有较宽的线性动态范围且噪声低，放大后的脉冲信号被送至脉冲幅度甄别器。

脉冲幅度甄别器设有一个连续可调的甄别电压 U_h。如图 8-8 所示，当输入脉冲幅度低于 U_h 时，脉冲幅度甄别器无输出；当输入脉冲幅度高于 U_h 时，脉冲幅度甄别器输出一个标准脉冲。如果把甄别电压选在图 8-8 中的谷点对应的脉冲高度上，就能抑制大部分噪声脉冲而只允许光电子脉冲通过，从而提高信噪比。为了保证不漏计，脉冲幅度甄别器工作时要求甄别电压稳定、灵敏度高、死时间短、建立时间短、脉冲对分辨率小于 10 ns。脉冲幅度甄别器最后输出整形过的脉冲。

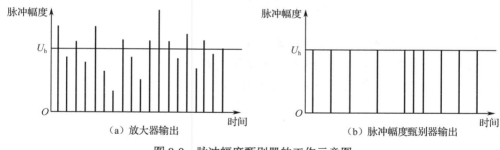

图 8-8　脉冲幅度甄别器的工作示意图

单光子计数器的作用是在规定的测量时间间隔内将脉冲幅度甄别器的输出脉冲累加计数。在本实验装置中，此测量时间间隔与光栅光谱仪步进的时间间隔相同。光栅光谱仪进一步，单光子计数器就向计算机送一次数，并将计数清零后继续累加新的脉冲。

8.5　实验步骤

（1）打开激光器（波长为 532 nm，功率≥40 mW）电源。通过电流调节旋钮调节输出电流，最大值为 1.1 A，最小值不作设定，以出激光为准。

（2）打开计算机，启动"LRS-Ⅱ/Ⅲ型激光拉曼/荧光光谱仪"软件，根据提示单击"取消"按钮，重新初始化，使波长位置回到 200 nm 处。

（3）打开外光路罩，在试管中加入 CCl_4 溶液，调整试管位置使汇聚光束的腰部正好位于试管中心。

（4）单击"参数设置（Setup）"，在"工作方式"栏中选择"波长方式"，"数据间隔"设置为 0.2 nm；在"工作范围"栏中设置"起始波长"为 510 nm，"终止波长"为 560 nm；在"工作状态"栏中设置"负高压"为 8，"域值"为 9，"积分时间"为 250 ms。

（5）在暗室条件下单击"单程扫描"，仪器检索到所设置的"起始波长"后便开始扫描，在扫描过程中应保持安静并避免撞击实验台。

（6）扫描结束后，在"读取数据"下拉菜单中选择"扩展"→"纵向扩展"选项，得到合适的图谱。

（7）根据谱峰高低在"寻峰"→"自动寻峰"栏中输入寻找谱峰的"最大值""最小值""最小峰高"，检出瑞利线、红伴线或斯托克斯线、紫伴线或反斯托克斯线。

（8）根据瑞利线（第 4 条）的波长与输入激光的波长（532 nm）差，在"读取数据"下拉菜单中选择"波长修正"选项，如果当前值偏大 2 nm，则输入"−2 nm"，反之输入"2 nm"，进行波长修正使瑞利线的波长为 532 nm。

（9）重复步骤（7），进行重新"寻峰"，记录各峰对应的波长和强度。

（10）选择参数设置区中的"数据"选项，在"寄存器"下拉列表中选择记录数据的寄存器号，记录波长和强度。在直角坐标纸上以强度为纵坐标、波长为横坐标绘制拉曼光谱图。在各谱峰下面标出对应的波长 λ（nm）、波数 $\sigma = \dfrac{1}{\lambda}$（$cm^{-1}$），以及与瑞利线的波数差 $\Delta\sigma$（cm^{-1}）。

8.6　思考与讨论

（1）在本实验中，激光的波长大小会影响实验结果吗？

（2）激光波长线宽的变化对实验结果有什么影响？

（3）为什么有时要在不同温度下测量拉曼光谱？

第9章　用双光束紫外-可见分光光度计
测量溶液的吸收率

通常情况下，由于价电子的跃迁而产生的分子光谱处于紫外光谱或可见光谱波段，所以人们经常通过分析物质对紫外光和可见光的吸收率进行物质成分、含量及结构的推断与判定。在本实验中，我们将重点学习分子对不同波长的光选择性吸收的原因，以及双光束紫外-可见分光光度计的工作原理和使用方法，加深对紫外-可见吸收光谱的认识。

9.1　实验背景

在很久以前，人们就在生活和生产实践过程中发现了不同的物质往往会呈现出不同的颜色，它们的物理性质和化学性质也有差异。于是，人们就积累了一些根据颜色判断物质成分和性质的经验，这就是利用物质可见吸收光谱判断物质成分的初级阶段。1852 年，比尔（Beer）在布格（Bouguer）和朗伯（Lambert）的研究结果的基础上提出了比尔-朗伯定律，指出当单色光垂直通过某一均匀非散射的吸光物质时，其吸光度与吸光物质的浓度及吸收层厚度成正比，从而为分光光度法奠定了理论基础。1918 年，美国国家标准与技术研究院（National Institute of Standards and Technology，NIST）展示了世界上第一台紫外-可见分光光度计。目前，分光光度计被广泛应用于工业、农业、医疗、食品、科研、军事等多个领域。

9.2　实验目的

（1）了解光与物质相互作用的机理和类别。
（2）熟悉双光束紫外-可见分光光度计的工作原理和使用方法。
（3）测量溶液的吸收率。

9.3　实验原理

由于分子内部的运动既有价电子的运动，又有内部原子在平衡位置的振动和分子绕其质心的转动，因此分子具有电子能级、振动能级和转动能级。图 9-1 所示为双原子分子的电子能级、振动能级和转动能级示意图。

在图 9-1 中，A 和 B 是电子能级，在同一电子能级，分子的能量还可根据振动能量的不同分为若干"支级"，称为振动能级。$V' = 0,1,2,\cdots$ 表示在 A 电子能级的各振动能级；$V'' = 0,1,2,\cdots$ 表示在 B 电子能级的各振动能级。处于同一电子能级和同一振动能级的电子，又可根据转动能量的不同分为若干"分级"，称为转动能级。$J' = 0,1,2,\cdots$ 表示在 A 电子能级和 $V' = 0$ 振动能级的各转动能级；$J'' = 0,1,2,\cdots$ 表示在 A 电子能级和 $V' = 1$ 振动能级的各转动能级。因此，分子的能量 E 等于电子能（E_e）、振动能（E_v）和转动能（E_r）之和，即

$$E = E_e + E_v + E_r \qquad (9-1)$$

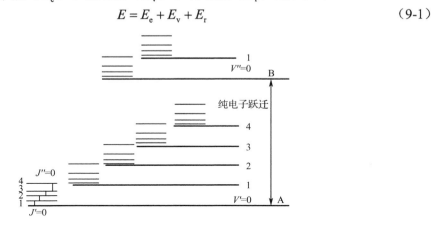

图 9-1　双原子分子的电子能级、振动能级和转动能级示意图

当基态分子从外界吸收能量后，便发生分子的能级跃迁，即从基态能级跃迁到激发态能级。分子的能级是量子化的，其吸收能量也具有量子化特征，即分子只能吸收等于两个能级之差的能量：

$$\Delta E = E_1 - E_2 = h\nu = hc/\lambda \qquad (9-2)$$

由于三种能级跃迁所需的能量不同，因此分子受不同波长的电磁辐射后跃迁，其吸收光谱在不同的光区出现。

电子能级跃迁所需的能量 ΔE_e 较大，一般为 1～20 eV。根据电子能级跃迁所需的能量，由式（9-2）可计算其相应的波长。反之，根据波长可计算其相应的跃迁能量。因分子吸收电磁辐射后产生电子能级跃迁所获得的分子吸收光谱称为电子光谱，电子光谱因为主要处于紫外-可见区，所以又称为紫外-可见光谱。

分子振动能级跃迁所需的能量 ΔE_v 约为 ΔE_e 的 1/20，一般为 0.05～1 eV，相当于红外光的能量。因振动能级跃迁而产生的分子吸收光谱称为振动光谱，又称为红外光谱。

分子转动能级跃迁所需的能量 ΔE_r 为 ΔE_v 1/200～1/20，一般小于 0.05 eV，相当于远红外光甚至微波的能量。因转动能级跃迁而产生的分子吸收光谱称为转动光谱，又称为远红外光谱。

在分子吸收电磁辐射从而发生电子能级跃迁和振动能级跃迁时，总伴有转动能级跃迁。由于转动能级间隔太小，一般光谱仪的分辨能力不足以把这些谱线分开，所以各谱线连成一片，表现为带状。因此，分子吸收光谱是一种带状谱。

如图 9-2 所示，由光源 W 发出的复合光，经分光器 G 色散为单色光，此单色光经旋转扇形镜调制为 1500 r/min 的交变信号，并分成 S 和 R 两束光。这两束光分别通过样品池和参比池到达接收器 B。扇形镜的结构如图 9-3 所示，其中 S 为透射光束，R 为反射光束，D 为不透射也不反射的背景。因此，由接收器（光电倍增管）输出如图 9-4 所示的电信号。与扇形镜同步旋转的编码器分别控制三路信号的通断，使其依次通过放大器、转换器及运算处理系统，最后输出扣除背景 D 之后的透射比。

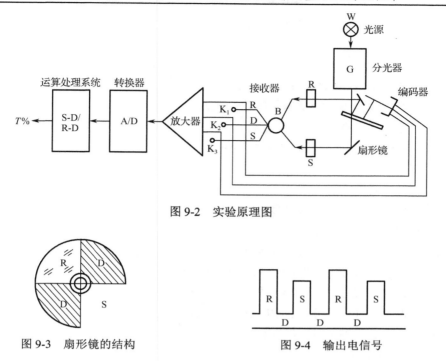

图 9-2　实验原理图

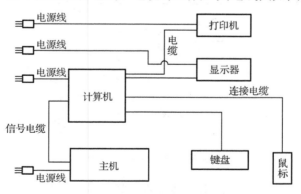

图 9-3　扇形镜的结构　　　　　　　　图 9-4　输出电信号

9.4　实验装置

本实验在 WGZ-8 型双光束紫外-可见分光光度计上进行，该实验装置由主机、计算机、显示器、键盘、鼠标、打印机及配套电线、电缆等组成，其连线图如图 9-5 所示。

图 9-5　实验装置连线图

下面对实验装置的性能及规格、光学系统、扫描系统、狭缝及滤光片转换机构、光源转换机构和整机电子电路及数据处理系统进行介绍。

1. 性能及规格

工作波段：200～800 nm。

波长精度：±0.5 nm。

波长重复性：0.3 nm。

光谱宽度：0.1 nm、0.5 nm、1.0 nm、2.0 nm、6.0 nm。

分辨能力：0.3 nm。

杂散光：≤0.3%。

测量范围：透过率为 0～200%；

　　　　　吸光度为-3～2.5 Abs（线性保证）。

测量精度：透过率为 0.5%（0～100%）；

　　　　　吸光度为 0.005 Abs（0～0.5 Abs）。

横坐标扩展：任选。

纵坐标扩展：任选。

测试方式：能量、透过率、吸光度。

扫描方式：单程、重复、定点。

外形尺寸：主机尺寸为 710 mm×605 mm×210 mm。

　　　　　显示器尺寸为 395 mm×365 mm×320 mm。

　　　　　计算机尺寸为 430 mm×420 mm×140 mm。

　　　　　键盘尺寸为 480 mm×190 mm×35 mm。

功率：约为 300 W（220×(1+10%) V、(50 ± 1) Hz）。

质量：主机质量约为 50 kg。

2．光学系统

光学系统原理图如图 9-6 所示。

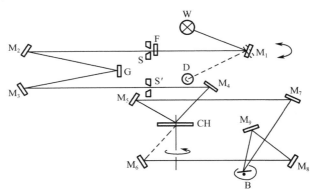

图 9-6　光学系统原理图

由光源 W 发出的光，经反射镜 M₁ 聚焦在入射狭缝 S 处。入射狭缝 S 置于准光镜 M₂ 的前焦点上，故经 M₂ 反射后的光束变为平行光束，M₂ 相对口径为1/7.5 。平行光束经光栅 G（1200 L/mm）色散后，由M₃聚焦在出射狭缝S′处。这一单色器采用了对称式布置的 Zeny-Turner 系统，从而保证了轴外像差的自动平衡和较低的杂散光。M₂ 与 M₃ 是完全相同的一对球面镜，保证了光路系统的完全对称。

在入射狭缝 S 前置有消除高级次光谱的截止滤光片 F，在扫描过程中，滤光片自动切换。通过出射狭缝S′的单色光，经 M₄ 反射及旋转扇形镜 CH 调制后，交替投射在反射镜 M₅、M₆ 上，从而使光束分成频率为 25 r/s 的双光束（R 和 S 两束光），它们经 M₅、M₆ 分别聚焦在样品池和参比池上，通过样品池和参比池后，再经过 M_7、M_8 和 M_9 交替汇聚到光电倍增管的接收面上。因为实验装置采用了双光束不等比 100% T 自动平衡原理，所以两束光是从不同角度入射到接收器靶面上的。

扇形镜的结构如图 9-3 所示，在 360° 范围内分为 4 个部分，1/4 为反射部分，1/4 为透射部分，其余部分为既不透射也不反射的背景。当反射部分进入光路时，参比光束到达接收器；当透射部分进入光路时，样品光束到达接收器。当背景反射不可能完全为 0 时，将有一个电平很低的信号输出，因此接收器输出如图 9-4 所示的电信号。

3．扫描系统

实验装置采用如图 9-7 所示的正弦机构进行波长扫描，丝杠由步进电动机通过同步带驱动，螺母沿丝杠轴线方向移动，正弦杆由弹簧拉靠在滑块上，正弦杆和光栅台连接，并绕光栅台中心回转（见图 9-8），从而带动光栅转动，使不同波长的单色光依次通过出射狭缝，从而完成扫描。

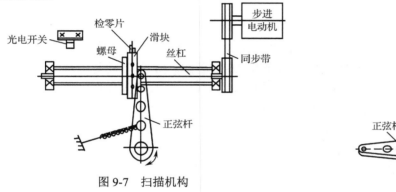

图 9-7　扫描机构　　　　　　　　　图 9-8　光栅台

4．狭缝及滤光片转换机构

狭缝机构示意图如图 9-9 所示。狭缝宽度的改变是由微机程序自动控制步进电动机的转角实现的，步进电动机轴与偏心轮紧固，当偏心轮转动时，靠其偏心量推动固有缝片的一对框架对称移动，从而改变狭缝宽度。

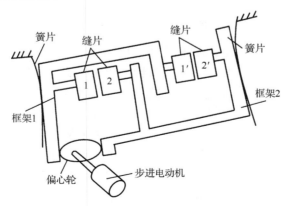

图 9-9　狭缝机构示意图

为了消除短波的高级次光谱，分光器设有前置滤光片，其切换波长为 360 nm 和 620 nm。

步进电动机由微机程序自动控制，而滤光片支架与步进电动机轴固定。滤光片转换机构示意图如图 9-10 所示。

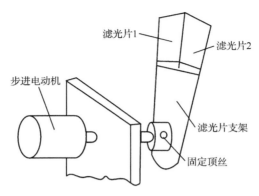

图 9-10　滤光片转换机构示意图

5．光源转换机构

实验装置的光源由氘灯和溴钨灯组成，换灯波长可在 340～360 nm 范围内选择，通常情况下为 360 nm。光源转换是通过转动反射聚光镜 M_1 实现的。M_1 的转动是由微机程序控制步进电动机驱动的。M_1 的转动中心线与步进电动机轴线一致。在灯座旁设有检零片，当检零片通过光电开关时，就给出了步进电动机转动的初始位置。光源转换机构示意图如图 9-11 所示。

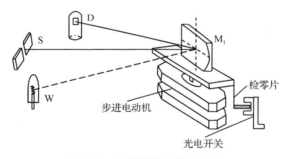

图 9-11　光源转换机构示意图

6．整机电子电路及数据处理系统

图 9-12 所示为整机电子电路及数据处理系统原理图。

被调制的光信号投射在光电倍增管上，被转换成相应的电信号。由于光电倍增管是一种高阻抗电流器件，所以前置放大器采用高阻抗输入，以将电流信号转换成电压信号，并线性地进行适度放大。被放大了的模拟信号馈入 A/D 转换单元，被转换成数字信号，最终通过微机进行适当的数据处理，并通过终端装置显示或打印被测样品的光谱图。为了提高整机电子电路及数据处理系统的测光精度，A/D 转换单元采用 12 bit 集成电路，其转换精度达 1/4096。

为了能够有效地进行信号分离工作，应使产生同步信号的旋转编码器与产生调制光信号的扇形镜同步运转，这样同步信号便可永远地与扇形镜的调制频率同步，从而完成一系列横坐标控制功能。

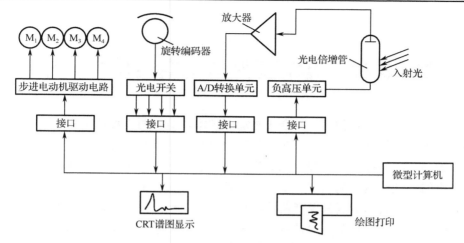

图 9-12　整机电子电路及数据处理系统原理图

　　实验装置在波长扫描过程中自动地改变负高压电平，从而平稳地进行整机电子电路及数据处理系统增益的调节，以保证实验装置正常地进行工作。

9.5　实验步骤

　　（1）按照图 9-5 将主机、计算机、显示器、键盘、鼠标、打印机用配套电线和电缆连接起来。

　　（2）接通电源，打开"WGZ-8 型双光束紫外-可见光分光度计"软件，进入系统后自动显示工作界面，同时进行初始化，波长位置回到 800 nm 处。设定工作方式中模式项为"吸光度"。

　　（3）在石英比色皿中放入待测溶液，并将石英比色皿插入样品池，使石英比色皿的光学面正对入射光线。

　　（4）单击"单程扫描键"按钮，系统自动进行扫描。

　　（5）扫描结束后，保存扫描结果，记录数据并在直角坐标纸上绘制吸光度-波长曲线。

9.6　注意事项

　　（1）通电前必须仔细检查各部分的连线是否可靠无误。

　　（2）开机前应确认样品室内无任何遗留杂物。

　　（3）通电预热 20 min 后方可进行各种精确测试。

9.7　思考与讨论

　　（1）导致实验结果偏离朗伯-比尔定律的原因可能有哪些？

　　（2）单色光的质量会如何影响实验结果？

第 10 章　真空获得与真空镀膜的应用

真空镀膜技术是一种新颖的材料合成与加工技术，是表面工程技术的重要组成部分。真空镀膜技术是指利用物理、化学手段在固体表面涂覆一层具有特殊性能的薄膜，从而使固体表面具有耐磨损、耐高温、耐腐蚀、抗氧化、防辐射、导电、导磁、绝缘、装饰等许多优于固体材料本身的性能，达到提高产品质量、延长产品寿命、节约能源和获得显著技术经济效益的目的。真空镀膜技术是极具发展前途的重要技术之一，并且已在高技术产业化的发展中展现出诱人的市场前景。真空镀膜技术已在国民经济的各个领域得到应用，如航空航天、电子、信息、机械、石油、化工、环保、军事等领域。

10.1　实验背景

真空镀膜技术已有 200 多年的发展历史，在 19 世纪初便处于探索和预研阶段。早期的镀膜是化学镀膜，用于在光学元件表面制备保护膜。1805 年，杨（Young）开始研究接触角与表面能之间的关系；1817 年，夫琅禾费（Fraunhofer）在德国用酸蚀法制成世界上第一批单层减反射膜；1852 年，Grove 和 Pulker 开始研究真空溅射镀膜；1877 年，Wright 成功研究出薄膜的真空溅射沉积技术；1887 年，Nahrwold、Pohl 和 Pringsheim 开始研究坩埚式薄膜的真空蒸发技术；1904 年，Edison 获得在圆筒上溅射镀银的专利；1907 年，Soddy 开始研究真空反应蒸发技术；1928 年，Ritsehl 和 Cartwright 等研究了钨丝的真空蒸发技术；1930 年，Pfund研究了真空气相蒸发形成超微粒子技术；1948 年，Harris 和 Siegel 研究了沉积粒子的真空快速蒸发技术；1950 年，Wehner 开始进行溅射理论的建立。此后，半导体工业开始起步，各种微电子工业开始起步，薄膜技术获得了飞速发展。

后来人们开始研究在化学溶液和蒸气中镀制各种光学薄膜，但这种方法逐步被真空镀膜取代，也就是说，物理镀膜取代了化学镀膜。真空镀膜技术大规模应用是在 1930 年出现扩散泵-机械泵抽气系统之后。

真空获得、真空度测量取得进展是薄膜技术迅速实现产业化的决定性因素。20 世纪 70 年代，各种真空镀膜技术的应用全面实现产业化，薄膜技术的发展正式进入黄金时期。

10.2　实验目的

（1）了解真空技术的基本知识。
（2）掌握真空获得和真空度测量的基本原理及方法。
（3）了解真空镀膜的基本知识。
（4）掌握蒸发镀膜的基本原理和方法。

10.3　实验原理

10.3.1　真空度与气体压强

真空度是对气体稀薄程度的一种客观度量，单位体积中的气体分子数越少，表明真空度越高。由于气体分子密度不易度量，所以真空度通常用气体压强来表示，气体压强越低，真空度越高。气体压强的国际单位制（SI）单位是帕斯卡，简称帕（Pa）。通常按照气体空间的物理特性及真空技术的应用特点，将真空划分为几个区域，如表 10-1 所示。

表 10-1　真空区域划分

真 空 类 型	压　　强/Pa
低真空	$10^5 \sim 10^3$
中真空	$10^3 \sim 10^{-1}$
高真空	$10^{-1} \sim 10^{-6}$
超高真空	$10^{-6} \sim 10^{-12}$

10.3.2　真空获得——真空泵

1654 年，德国物理学家葛利克发明了真空泵，做了著名的马德堡半球实验。

真空泵的抽气原理：真空泵工作后，形成压差，$P_1 > P_2$，实现抽气，如图 10-1 所示。

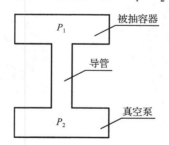

图 10-1　真空泵的抽气原理

用来获得真空的设备称为真空泵，真空泵按工作原理可分为排气型真空泵和吸气型真空泵两大类。排气型真空泵利用内部的各种压缩机构将被抽容器中的气体压缩到排气口，并将气体排出泵体，如机械泵、扩散泵和分子泵等。吸气型真空泵在封闭的真空系统中利用各种表面（吸气剂）吸气的办法将被抽容器中的气体分子长期吸附在吸气剂表面上，使被抽容器保持真空，如吸附泵、离子泵和低温泵等。

真空泵的主要性能可由下列指标衡量。

（1）极限真空度：无负载（无被抽容器）时真空泵入口处可达到的最低压强（最高真空度）。

（2）抽气速率：在一定的温度与压强下，单位时间内真空泵从被抽容器中抽出气体的体积，单位为 L/s。

（3）启动压强：真空泵能够开始正常工作的最高压强。

1. 机械泵

机械泵运用机械方法不断地改变泵内吸气空腔的容积，使被抽容器中气体的体积不断膨胀压缩，从而获得真空。机械泵的种类有很多，目前常用的是旋片式机械泵。

图 10-2（a）所示为旋片式机械泵的结构示意图，它由一个定子和一个偏心的转子构成。定子为一个圆柱形空腔，空腔上装着进气管和排气阀，转子顶端保持与空腔壁接触，转子上开有槽，槽内安放了由弹簧连接的两个旋片。当转子旋转时，两个旋片的顶端始终沿着空腔的内壁滑动。整个空腔放置在油箱内。当机械泵工作时，转子带着旋片不断旋转，就有气体不断排出，实现抽气。旋片的几个典型位置如图 10-2（b）～（e）所示。当旋片通过进气口 [图 10-2（b）所示的位置] 时开始吸气，随着旋片的运动，吸气空腔的容积不断增大，到如图 10-2（c）所示的位置时达到最大。旋片继续运动，当旋片运动到如图 10-2（d）所示的位置时，开始压缩气体，压缩到压强大于一个标准大气压时，排气阀自动打开，气体被排到大气中，如图 10-2（e）所示，之后进入下一个循环。整个泵体必须浸没在机械泵油中才能工作，机械泵油起着密封、润滑和冷却的作用。

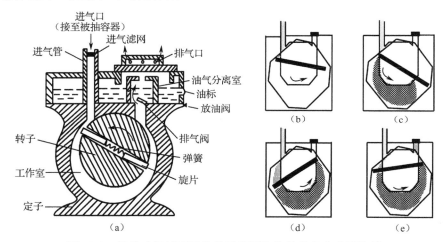

图 10-2　旋片式机械泵的结构示意图和旋片的几个典型位置

机械泵可在大气压下启动并正常工作，其极限真空度可达 10^{-1} Pa，它取决于：①定子空间中两空腔的密封性，因为其中一个空腔中为大气压，另一个空腔中为极限压强，密封不好将直接影响极限压强；②排气口附近有一个"死角"空间，在旋片旋转时它不可能趋于无限小，因此不能有足够的压力去顶开排气阀；③泵腔内的密封油有一定的蒸气压（在室温下约为 10^{-1} Pa）。

在使用旋片式机械泵时必须注意以下几点。

（1）启动前先检查油槽中的油液面是否达到规定的要求，机械泵转子旋转方向与规定方向是否相符（不符会把泵油压入真空系统）。

（2）机械泵停止工作时要立即让进气口与大气相通，以清除泵内外的压差，防止大气通过缝隙把泵内的油缓缓地从进气口倒压进被抽容器（"回油"现象）。这一操作一般由机械泵进气口上的电磁阀控制完成，当机械泵停止工作时，电磁阀自动使机械泵的排气口与真空系统隔绝，并使排气口接通大气。

（3）机械泵不宜长时间抽大气，因为长时间大负荷工作会使泵体和电动机受损。

2．扩散泵

扩散泵利用气体扩散现象进行抽气，最早用来获得高真空的泵就是扩散泵，目前扩散泵依然被广泛使用。扩散泵的工作原理不同于机械泵，其内部没有转动部件和压缩部件。它的工作原理是通过电炉加热处于泵体下部的专用油，沸腾的油蒸气沿着伞形喷口高速向上喷射，遇到顶部阻碍后沿着外周向下喷射，在此过程中与气体分子发生碰撞，使气体分子向泵体下部运动进入前级泵。扩散泵泵体通过冷却水降温，运动到下部的油蒸气与冷的泵壁接触，又凝结为液体，循环蒸发。为了提高抽气效率，扩散泵通常由多级喷口（3 个或 4 个）组成，图 10-3 所示为具有三级喷口的扩散泵的结构示意图，这样的泵也称为多级扩散泵。扩散泵具有极高的抽气效率，高速定向喷射的油分子在喷口处的油蒸气流中形成低压，将扩散进入油蒸气流的气体分子带至泵口被前级泵抽走，而油蒸气在到达泵壁后被冷却水套冷却后凝聚，返回泵底再被利用。由于射流具有工作过程高流速（200 m/s）、高密度、高分子量（300～500），因此能有效地带走气体分子。扩散泵不能单独使用，一般采用机械泵作为前级泵，以满足出口压强（最高为 40 Pa），如果出口压强高于规定值，抽气作用就会停止，因为在这个压强下，可以保证绝大部分气体分子以定向扩散形式进入高速油蒸气流。此外，若扩散泵在较高气体压强下加热，则会导致具有大分子结构的扩散泵油分子的氧化或裂解。扩散泵的极限真空度主要取决于油蒸气压和反扩散两部分，目前一般能达到 10^{-5}～10^{-7} Pa。根据扩散泵的工作原理可以知道，扩散泵有效工作一定要有冷却水辅助，因此在实验中一定要特别注意冷却水是否通畅及是否有足够的压力。另外，扩散泵油在较高的温度和压强下容易因氧化而失效，所以不能在低真空范围内开启扩散泵。在使用扩散泵时一个不容忽视的问题是扩散泵油返流进入真空腔会造成污染，对于清洁度要求高的材料制备和分析过程来说，这样的污染是致命的，所以现在的高端材料制备、分析设备都采用无油真空系统，以避免产生油污染。

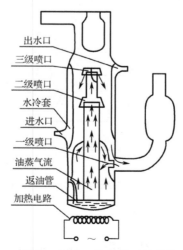

图 10-3　具有三级喷口的扩散泵的结构示意图

通常来说，真空系统不是只有一个真空泵在工作，而是由至少两级真空泵构成的。本实验中的真空系统由两级真空泵构成，前级泵是旋片式机械泵，次级泵是扩散泵。

10.3.3　真空度测量

真空度测量是指对真空环境气体压强的测量，考虑到真空环境的特殊性，真空度的准确测量是困难的，尤其是高真空和超高真空的真空度测量。对于这个问题的一般解决思路是，先在真空中引入一定的物理现象，然后测量这个过程中与气体压强有关的某些物理量，最后根据物理量与气体压强的关系确定气体压强。不是很高的真空度可以通过真空计直接测量，这样的真空计叫作初级真空计或绝对真空计；中度以上真空度需要通过真空计间接测量，这样的真空计叫作次级真空计或相对真空计。

测量真空度的装置叫作真空计。真空计的种类有很多，根据气体压强、气体的黏滞性、动量转换率、热导率、电离等原理可制成各种真空计。由于被测量的真空度范围很广，因此一般采用不同类型的真空计分别进行相应范围内的真空度测量。常用的真空计有热耦真空计和电离真空计。热偶真空计也叫热偶规，通常用来测量低真空的真空度，测量范围为 $10\sim10^{-1}$ Pa，它是利用低压下气体的热传导系数与气体压强成正比的特点制成的。电离真空计也叫电离规，它是根据电子与气体分子碰撞产生的电离电流随气体压强变化的原理制成的，测量范围为 $10^{-1}\sim10^{-6}$ Pa。

在使用真空计时要特别注意：当气体压强高于 10^{-1} Pa 或系统突然漏气时，电离规中的灯丝会因高温很快被氧化烧毁，因此只有在真空度达到 10^{-1} Pa 以上时，才能使用电离规。为了使用方便，常把热偶规和电离规组合制成复合真空计。

本实验中用到的真空计是热偶规和电离规，其结构示意图如图 10-4 所示。下面分别简述它们的工作原理。

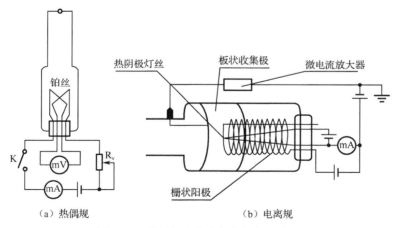

图 10-4　热偶规和电离规的结构示意图

1. 热偶规

在热偶规中，铂丝的温度由一个细小的热电偶测量。热电偶是由不同金属铰接构成的，当两个结构温度不同时，存在温差电动势，也就是所谓的温差电效应。其测量方法是在铂丝上加一定的电流，使铂丝温度升高，热电偶出现温差电动势，其大小可以通过毫伏计测量。如果加热电流是一定的，那么铂丝的平衡温度在一定的范围内取决于气体压强，所以温差电动势也就取决于气体压强。温差电动势与气体压强的关系可以通过计算得出，形成一条校准曲线。考虑到不同气体的热传导系数不同，对于同一气体压强，温差电动势也是不同的（通常的热偶规的校准气体是空气或氮气）。热偶规的铂丝由于长期处于较高的温度下，受到环境气体的作用，容易老化，所以存在显著的零点漂移和灵敏度变化，需要经常校准。

2. 电离规

常见的电离规的结构类似于三极管。热阴极灯丝被加热后发射热电子，栅状阳极具有较高的正电压。热电子在栅状阳极作用下加速并被栅状阳极吸收。由于栅状阳极的特殊形状，除一部分电子被吸收以外，其他的电子先流向带有负电的板状收集极，再返回栅状阳极。也就是说，部分电子要往返几次才能最终被栅状阳极吸收。可以想象，电子在运动的过程中，一定会与气体分子发生碰撞并产生电离，电离的阳离子被板状收集极吸收并形成电流。电子电流 I_e、阳离子电流 I_i 与气体压强 P 之间满足如下关系：

$$P = \frac{1}{K} \frac{I_i}{I_e}$$

式中，K 为电离规的灵敏度。由此可以确定气体压强。对于真空度很高的情况，由于气体分子很稀薄，被电离的气体分子数目很小，因此需要配置微电流放大装置和灯丝稳流装置。电离规的线性指示区域是 $10^{-1} \sim 10^{-6}$ Pa。电离规是中、高真空范围内应用最广的真空计。在低真空范围内，电离规的热阴极灯丝和栅状阳极很容易被烧掉，所以一定要避免在低真空情况下使用电离规。

10.3.4　蒸发镀膜

真空蒸发法是把衬底材料放置到高真空室内，通过加热蒸发材料使其先汽化或升华，然后沉积到衬底表面形成原物质薄膜的方法。

真空蒸发法的特点是在高真空环境下成膜，可以有效防止薄膜的污染和氧化，有利于得到洁净、致密的薄膜，在电子、光学、磁学、半导体、无线电及材料科学等领域得到广泛的应用。

对于真空蒸发法而言，要明确成膜的真空度范围，也就是说，要明确在什么样的真空度范围内薄膜的生成是可能的。

蒸发镀膜是指在真空中通过电流加热、电子束轰击加热和激光加热等方法，使薄膜材料蒸发成原子或分子，随即以较大的自由程做直线运动，碰撞基片表面而凝结，形成一层薄膜。蒸发镀膜要求真空室内残余气体分子的平均自由程大于蒸发源到基片的距离，尽可能减小蒸发物的分子与气体分子发生碰撞的机会，这样才能保证薄膜纯净和牢固，蒸发物也不至于氧化。由分子动力学可知，气体分子的平均自由程为

$$\lambda = \frac{k_B T}{\sqrt{\pi} \sigma^2 P} \tag{10-1}$$

式中，k_B 为玻尔兹曼常数；T 为气体温度；σ 为气体分子有效直径；P 为气体压强。式（10-1）表明，气体分子的平均自由程与气体压强成反比，与气体温度成正比。在 25 ℃的情况下，有

$$\lambda \approx \frac{6.6 \times 10^{-2}}{P} \text{（m）} \tag{10-2}$$

对于蒸发源到基片的距离为 0.15～0.2 m 的镀膜装置，真空室的真空度必须在 $10^{-2} \sim 10^{-4}$ Pa 范围内才能满足要求。在进行蒸发镀膜时，薄膜材料被加热蒸发成原子或分子，在一

定的温度下，薄膜材料单位面积的质量蒸发速率由朗谬尔（Langmuir）导出的公式决定，即

$$G \approx 4.37 \times 10^{-3} P_V \sqrt{\frac{M}{T}} \ (\text{kg} \cdot \text{m}^{-2} \cdot \text{g}^{-1}) \tag{10-3}$$

式中，M 为蒸发材料的摩尔质量；P_V 为蒸发材料的饱和蒸气压；T 为蒸发材料的温度。蒸发材料的饱和蒸气压随温度的上升而迅速增大，温度变化 10%，饱和蒸气压就要变化约一个数量级。由此可见，蒸发材料温度的微小变化就可引起质量蒸发速率的很大变化。因此，在蒸发镀膜过程中，要想控制质量蒸发速率，必须精确控制蒸发材料的温度。

蒸发镀膜最常用的加热方法是电阻加热。将钨、钼、钽、铂等熔点高且化学性能稳定的金属做成适当形状的加热源，其上装待蒸发材料，让电流通过，对蒸发材料进行直接加热蒸发，或者把待蒸发材料放入氧化铝、氮化硼或石墨等材质的坩埚中进行间接加热蒸发。例如，蒸发镀铝膜，铝的熔点为 659 ℃，到 1100 ℃时铝开始迅速蒸发，常选用钨丝作为加热源，钨的熔化温度为 3380 ℃。

在真空镀膜中，飞抵基片的汽化原子或分子，除一部分被反射以外，其余部分被吸附在基片表面上。被吸附的原子或分子在基片表面上进行扩散运动，一部分在运动中因相互碰撞而聚成团，另一部分经过一段时间的滞留后被蒸发而离开基片表面。聚团可能会因表面扩散原子或分子发生碰撞时捕获原子或分子而增大，也可能会因单个原子或分子的脱离而变小。当聚团增大到一定程度时，便会形成稳定的核，核捕获到飞抵的原子或分子或在基片表面上进行扩散运动的原子或分子就会生长。在生长过程中核与核结合而形成网络结构，网络被填实即生成连续的薄膜。显然，基片的表面条件（如清洁度和不完整性）、基片的温度及薄膜的沉积速率都将影响薄膜的质量。

10.4　实验装置

本实验在 DH2010 型多功能真空实验仪上进行。该实验装置由真空机组、真空室（钟罩）、放电管、仪表和控制电路五大部分组成。

（1）真空机组是由机械泵与扩散泵构成的二级真空系统，极限真空度可以达到 10^{-3} Torr（1 Torr=133.322 Pa）。

（2）真空室（钟罩）设置蒸发电极可以完成真空蒸发法薄膜沉积。

（3）放电管用于完成气体放电现象的观察实验。

（4）仪表包括真空测量仪表、蒸发显示与控制仪表、放电显示与控制仪表等。

（5）控制电路包括真空机组控制电路、蒸发过程控制电路、放电过程控制电路。

10.5　实验内容及步骤

本实验采用真空蒸发法在玻璃衬底上制备铝膜，其工艺流程图如图 10-5 所示。

在实验前要仔细检查各开关的状态，各开关应该处于关断状态。

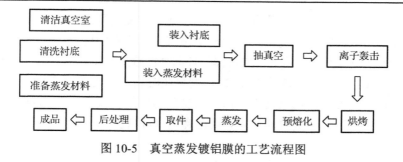

图 10-5　真空蒸发镀铝膜的工艺流程图

10.5.1　实验前的准备

（1）仔细清洗真空室的玻璃钟罩，并用吹风机将钟罩烘干。

（2）清洗衬底、钨丝和待蒸发的高纯铝丝。

（3）清洁真空室。

（4）将洗净的衬底和铝丝放置在指定位置。

（5）放下钟罩。

10.5.2　抽取真空室真空

（1）打开总电源开关，控制面板上的电源指示灯点亮。将控制面板上的"工作选择"打向"真空泵"，打开机械泵电源开关，机械泵开始工作。同时打开高真空电磁阀 A 阀、B 阀及机械泵电源开关，机械泵直接抽取真空室真空，抽取 10 min 左右，打开 FZH-2B 型复合真空计电源开关。先将"测量开关"打向"V_1"（同时将"真空测量转换开关"打向"V_1"），测量管路的真空度；再将"测量开关"打向"V_2"，测量真空室内的真空度。

（2）观察热偶规示数变化，当热偶规示数为几帕时，将"工作选择"打向"扩散泵预工作"，此时关闭 B 阀、打开 C 阀（机械泵对扩散泵抽取真空）。将 FZH-2B 型复合真空计的"测量开关"打向"V_1"，测量管路的真空度，直至真空度为几帕。此时先打开水龙头，再接通扩散泵电源（接通加热电源），加热电源通过压力控制器控制，如果水流压力不够，加热电源就不能接通。注意：扩散泵工作前必须先接通水源，再接通电源，通过 PID 温控器设置加热温度，依次提高设定的加热温度（50℃、100℃、180℃、250℃）。

（3）约 20 min 后，扩散泵起作用，此时将"工作选择"打向"扩散泵工作"，打开高真空电磁阀 A 阀、C 阀、D 阀。此时各电磁阀的工作状态为 A 阀打开、B 阀关闭、C 阀打开、D 阀打开。

（4）结合扩散泵的工作原理观察扩散泵的工作过程。

10.5.3　蒸发镀铝膜

（1）待真空室内的真空度达到 10^{-3} Torr 时，即可开始蒸发镀铝膜。

（2）将控制面板上的蒸发电源开关打开，通过调节蒸发电源电压，逐步增大蒸发电流，使电流表显示值为 50 A 左右，对钨丝进行加热，将蒸发材料中的杂质预先蒸发掉（预熔）。调节可调挡板旋钮，先移去可调挡板，再调高电源电压，增大加热电流到 70 A 左右，进行蒸发镀铝膜。

（3）蒸发镀铝膜完毕后，关闭蒸发电源开关，切断蒸发电源。

（4）观察真空室内真空度的变化，记录真空系统的极限真空度。

（5）关闭扩散泵电源开关，将"工作选择"打向"扩散泵预工作"，关闭电离规灯丝开关。将 FZH-2B 型复合真空计的热偶规置于 V_2 挡，测量此时真空室内的真空度。

（6）关闭高真空电磁阀，记录真空室内的真空度与时间的关系，开始每隔 2 s 记录一次，真空度变化慢时视情况延长测量时间间隔，直至真空度降低到 10 Pa 数量级，停止记录。绘制真空系统漏率曲线。

（7）用干涉显微镜测量薄膜的厚度。先用刻蚀法制作薄膜台阶，然后用干涉显微镜测量薄膜的厚度。

（8）关机，具体步骤如下。

① 此时扩散泵电源开关已关闭，"工作选择"置于"扩散泵预工作"状态，D 阀处于关闭状态。机械泵继续工作，冷却水继续接通，对扩散泵油进行冷却。同时关闭电离规灯丝开关。

② 机械泵继续工作，直到泵油的温度低于 50℃，同时管路真空度为几帕时，将"工作选择"打向"机械泵"。

③ 切断水源，关闭 FZH-2B 型复合真空计电源开关。

④ 将"工作选择"打向"断"，关闭总电源开关。

10.6　注意事项

蒸发镀膜时应当注意以下几个问题。

（1）基片表面应保持良好的清洁度。基片表面的清洁度直接影响薄膜的牢固性和均匀性。基片表面的任何微粒、尘埃、油污及杂质都会大大降低薄膜的附着力。为了使薄膜有较好的反射光的性能，基片表面应平整、光滑。镀膜前基片必须经过严格的清洗和烘干。将基片放入真空室后，蒸发镀膜前在有条件的情况下应进行离子轰击，以去除基片表面上吸附的气体分子和污染物，增加基片表面的活性，提高基片与薄膜的结合力。

（2）将蒸发材料中的杂质预先蒸发掉（预熔）。蒸发物质的纯度将直接影响薄膜的结构和光学性质，因此除尽量提高蒸发物质的纯度以外，还应设法把蒸发材料中蒸发温度低于蒸发物质的其他杂质预先蒸发掉，而不要使它蒸发到基片表面上。在预熔时用挡板挡住蒸发源，使蒸发材料中的杂质不会蒸发到基片表面上。预熔时会有大量吸附在蒸发材料和电极上的气体放出，真空度会降低一些，故不能马上进行蒸发镀膜，应测量真空度并继续抽气，待真空度恢复到原来的状态后，方可移开挡板，加大蒸发电极的加热电流，进行蒸发镀膜。

只要真空室内充过气，即使前次已预熔或蒸发过的材料也必须重新预熔。

（3）应使薄膜厚度分布均匀。均匀性不好会造成薄膜的某些特征随表面位置的不同而变化。应让蒸发源到基片的距离适当远些，使基片在蒸发镀膜过程中慢速转动，同时使工件尽量靠近转动轴线放置。

（4）当扩散泵连续工作时，放下钟罩后必须先抽低真空，当真空度达到 6～7 Pa 后再打开高真空电磁阀，绝对不容许直接抽高真空，以避免扩散泵油氧化。

（5）若中途突然停电，则应立即将"工作选择"打向"断"，待来电后，机械泵工作 2～3 min 后，再恢复正常工作。

（6）镀膜工作进行 2～3 次后，必须及时清洗钟罩及真空室内零件，避免蒸发物质大量进入真空系统从而损害真空系统性能。

（7）各真空元件及仪表的维修保养参见其说明书。

10.7　思考与讨论

（1）机械泵的极限真空度是如何产生的？能否克服？

（2）进行真空镀膜为什么要求有一定的真空度？

（3）仔细观察可以发现扩散泵油是间歇性沸腾的，请说明原因。

第11章　超高真空薄膜生长

分子束外延（Molecular Beam Epitaxy，MBE）技术是在真空沉积法和1968年J. R. Arthur（阿尔瑟）对Ga、As原子与GaAs表面相互作用的反应动力学研究的基础上，由美国贝尔实验室的J. R. Arthur和A. Y. Cho（卓以和）在20世纪70年代初开发的。MBE技术推动了以超薄层微结构材料为基础的新一代半导体科学技术的发展。MBE技术是一种灵活的外延薄膜技术，可以表述为在超高真空环境中通过把热蒸发产生的原子束或分子束投射到具有一定取向、一定温度的清洁衬底上，从而生成高质量的薄膜材料或各种所需结构。晶体生长受分子束相互作用的动力学过程支配，而异于常规的气相外延（Vapour Phase Epitaxy，VPE）和液相外延（Liquid Phase Epitaxy，LPE）中的准热力学平衡过程。随着MBE技术的发展，出现了迁移增强外延（Migration Enhanced Epitaxy，MEE）技术和气源分子束外延（Gas Source-Molecular Beam Epitaxy，GS-MBE）技术，近年来又出现了激光分子束外延技术。

11.1　实验背景

11.1.1　MBE技术

20世纪70年代初，美国贝尔实验室的J. R. Arthur和A. Y. Cho开发了MBE技术，该技术能够在特定的衬底上外延生长出原子级厚度的单晶薄膜。MBE技术在科研及工业界都有广泛的应用，如拓扑绝缘体、超导薄膜的生长，以及半导体工业中的各种真空镀膜和化学掺杂等。

MBE技术是指在超高真空条件下，通过组成元素的热能分子束或原子束与衬底发生反应而结晶成薄膜的技术。生长的外延层的组分及其掺杂程度取决于分子束或原子束的组成元素和掺杂元素的相对到达率，这又取决于蒸发源的蒸发速率。比较典型的例子是，1 μm/h（1层/s）的沉积速率已经低到足以确保沉积物在衬底表面上进行迁移，因此以这个速率生长的薄膜表面非常光滑。一般来说，我们会在蒸发源的蒸发口前面加上快门控制系统，如图11-1所示，通过旋转挡板来控制原材料开始/停止沉积及其掺杂情况，以确保样品成分和掺杂浓度具有原子尺度上的可控性。MBE技术的基本要素包括超高真空、高质量的蒸发源、精确的快门控制系统和实时观测技术。这些要素都在MBE技术的发展过程中得到了长足的改进，并且在制造商的努力下其改进仍在进行中。

在超高真空环境中生长薄膜的技术根据蒸发材料在蒸发过程中和衬底是否发生化学反应可分为两类：物理沉积技术和化学沉积技术。物理沉积技术是指样品与衬底之间不发生电子转移，以范德华力结合；化学沉积技术是指分子束与衬底之间发生电子转移，产生化学键。一般来说，物理沉积技术比化学沉积技术的吸附能力小，这两种技术在MBE技术中的应用都很普遍。

图 11-1　蒸发源内部简易结构

11.1.2　超高真空技术

按真空环境的压强等级来分，真空类型可分为低真空、中真空、高真空及超高真空等，具体如表 11-1 所示。通常称压强为 $1 \times 10^{-9} \sim 1 \times 10^{-12}$ Torr 的真空为超高真空（UHV）。

表 11-1　不同类型真空的压强范围

真空类型	压强范围		
	以 Torr 为单位	以 Pa 为单位	标准大气压
理想真空	0	0	0
外太空	$1 \times 10^{-6} \sim < 1 \times 10^{-17}$	$1 \times 10^{-4} \sim < 3 \times 10^{-15}$	$9.87 \times 10^{-10} \sim < 2.96 \times 10^{-20}$
极高真空	$< 1 \times 10^{-12}$	$< 1 \times 10^{-10}$	$< 9.87 \times 10^{-16}$
超高真空	$1 \times 10^{-9} \sim 1 \times 10^{-12}$	$1 \times 10^{-7} \sim 1 \times 10^{-10}$	$9.87 \times 10^{-13} \sim 9.87 \times 10^{-16}$
高真空	$1 \times 10^{-3} \sim 1 \times 10^{-9}$	$1 \times 10^{-1} \sim 1 \times 10^{-7}$	$9.87 \times 10^{-7} \sim 9.87 \times 10^{-13}$
中真空	$25 \sim 1 \times 10^{-3}$	$3 \times 10^{3} \sim 1 \times 10^{-1}$	$3 \times 10^{-2} \sim 9.87 \times 10^{-7}$
低真空	$760 \sim 25$	$1 \times 10^{5} \sim 3 \times 10^{3}$	$9.87 \times 10^{-1} \sim 3 \times 10^{-2}$
标准大气压	760	1.013×10^{5}	1

超高真空具有洁净度高、平均自由程长、绝热性好等特点。洁净度高是表面分析需要用到超高真空的根本原因。表面物理研究的往往是表面几个原子层的物理现象，因此，即使是在真空条件下，气体分子在样品表面的吸附往往也会显著影响实验结果。我们经常用寿命（Lifetime）来描述样品表面从清洁到受到污染对实验结果产生影响所需的时间。由于不同样品对气体分子的吸附能力不同，因此样品寿命有很大差异。即使是同种样品，不同实验对于样品寿命也会有完全不同的定义。通常来说，表面态的寿命比体态的寿命短得多。在超高真空条件下，一般忽略热对流，主要考虑热辐射和热传导。低温系统（如液氦系统、液氮系统）主要考虑阻止外界热量的传入。对液氮系统来说，热传导是主要的热量来源；对液氦系统来说，外部热辐射是不可忽略的，在设计系统时要特别注意。高温系统需要考虑加热灯丝产生热辐射带来的材料升温放气。在高温条件下，热传导主要对热电偶的温度测量产生影响。此外，材料被加热到较高温度后，自身产生的热辐射也不可忽略。

超高真空技术的应用领域非常广泛，包括磁控溅射、激光脉冲沉积、MBE、表面分析和粒子加速器等。其中，MBE 和表面分析领域广泛使用超高真空技术，各种类型的 MBE 设备、光电子能谱仪和 STM 等制备与表征系统都在超高真空范围内工作。由于真空系统建设成本在系统整体建设成本中往往占据相当大的比例，因此如何选择合适的泵组并通过恰当的方式迅速获得尽可能高的真空度，是困扰相关领域研究人员的普遍问题。

11.2　实验目的

（1）了解并掌握 MBE 技术及超高真空技术。
（2）掌握单质金属薄膜的外延生长方法。

11.3　实验原理

11.3.1　MBE 技术

MBE 技术的原理示意图如图 11-2（a）所示。在超高真空腔内，通过加热 K-Cell 蒸发源［见图 11-2（b）］，使其坩埚内所盛的不同单质或化合物以气相粒子束的形式喷射到衬底表面。在生长过程中，衬底保持一定的温度，蒸镀在上面的原子或分子会进行迁移、成核，并以极低的速率形成岛状或薄膜状的晶体。在生长之前一般会通过退火处理的方法清洁衬底，使其表面原子重排从而变得均匀且平整，这是制备高质量外延层的基础。例如，常用的 Si 和 $SrTiO_3$ 衬底经过一系列的退火处理之后，其表面上会形成多种晶格重构，为各类材料的外延生长提供了选择。可以说，不同化学组分的晶体衬底及其多样化的表面结构为研究界面效应中丰富的物理现象提供了天然的平台。

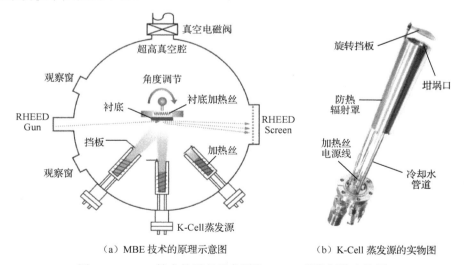

（a）MBE 技术的原理示意图　　　　　（b）K-Cell 蒸发源的实物图

图 11-2　MBE 技术的原理示意图及 K-Cell 蒸发源的实物图

MBE 技术最重要的特点是允许外延沉积以极低的速率（厚度每秒增加 0.1～1 nm）进行，而且不需要载体气流。这在保证生长的均匀和稳定性的同时大大地减少了杂质的干扰。因此，MBE 技术非常适合用来制备分界面十分陡峭的各类异质结，如量子阱和超晶格等。然而，在如此低的沉积速率下，为了达到优于其他沉积生长技术的杂质水平，需要提供良好的超高真空环境（约 1×10^{-10} Torr）。相比其他的生长技术，如需要通入大量反应物的化学气相沉积技术及会产生大量靶材碎片的脉冲激光沉积技术，MBE 技术能生长出质量更高的单晶薄膜，而且在生长过程中能精确地掌控沉积时间、衬底温度、蒸发束流及其化学配比等。通过调节上述参数，我们可以精确地调控单晶薄膜的厚度及其掺杂浓度。薄膜的生长过程通过肉眼是观察不到的，我们需要利用低能电子衍射仪（Low Energy Electron Diffractometer，LEED）或反射式高能电子衍射仪（Reflection High Energy Electron Diffractometer，RHEED）来观察薄膜的生长情况。通过观察荧光屏上干涉条纹的变化，可以得到晶体薄膜的结晶和厚度等信息。

11.3.2　超高真空技术

超高真空技术是表面科学中重要且必不可少的一项技术，因为空气中的分子会附着在样品表面上，从而改变样品表面的物化性质。要知道，即使在 10^{-6} Torr 的高真空环境中，样品表面也会在 3 s 之内就吸附一层分子。然而，在超高真空环境中，同样的过程需要几小时甚至几天才能完成，这就留出了足够的时间让研究人员开展研究工作。

真空系统内的气体来源有经腔壁的泄漏、虚漏、蒸发、表面出气、体出气、渗透、分解和高能粒子轰击出气等。要获得超高真空，单靠任何一种真空泵都不能实现，需要不同结构和抽速（见表 11-2）的泵互相配合实现。表 11-2 所示为各种真空泵及其适用压强范围。按照工作原理，真空泵可分为两类：①压缩型真空泵，其工作原理是将入口端的气体经过压缩后从出口排出，包括旋片式机械泵、往复式机械泵、分子泵、蒸气流扩散泵等；②吸附型真空泵，其工作原理是依靠某种物质对气体的吸附作用来降低压强，内部的气体分子不是被排出泵外，而是被暂时或永久地封存在泵体内，包括离子泵、升华泵、吸附泵、吸气泵和低温冷凝泵等。在 STM 实验中，通常配套使用旋片式机械泵（前级泵）、涡轮分子泵（次级泵）、离子泵及钛升华泵（高级泵），如图 11-3 所示。机械泵分为油封式机械泵和干式机械泵两种，有机物饱和蒸气压很大，如果发生油的返流，则会对真空系统产生长期的破坏作用，所以干式机械泵是最合适的选择。

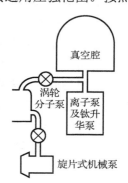

图 11-3　超高真空泵组

表 11-2　各种真空泵及其适用压强范围

真空泵	压强/ $(\times10^{n}$ Pa)																抽速/(L/s)
	$n=5$	$n=4$	$n=3$	$n=2$	$n=1$	$n=0$	$n=-1$	$n=-2$	$n=-3$	$n=-4$	$n=-5$	$n=-6$	$n=-7$	$n=-8$	$n=-9$	$n=-10$	
旋片式机械泵	+	+	+	+	+	+	+	→									1～100
低温吸附泵	+	+	+	+	+	+	→										
油扩散泵					←	+	+	+	+	+	→						1～1000
涡轮分子泵					←	+	+	+	+	+	+	+	+	→			5～10000
钛升华泵								←	+	+	+	+	+	+	→		1～100000

续表

真空泵	压强/(×10ⁿPa)																抽速/(L/s)
	$n=5$	$n=4$	$n=3$	$n=2$	$n=1$	$n=0$	$n=-1$	$n=-2$	$n=-3$	$n=-4$	$n=-5$	$n=-6$	$n=-7$	$n=-8$	$n=-9$	$n=-10$	
溅射离子泵							←	+	+	+	+	+	+	+	+	→	1～5000
低温冷凝泵		←	+	+	+	+	+	+	+	+	+	+	+	+	+	+	300～5000

注：加号表示各种真空泵 n 可以取的数字；箭头表示 n 的极值。

11.4　实验装置

本实验使用的仪器是商业化的超高真空变温 STM 系统（见图 11-4），其主要由快速进样腔、超高真空制备腔及 STM 观察腔三个腔体组成。本实验就是在超高真空制备腔中进行的。图 11-4（a）所示为超高真空变温 STM 系统的轮廓图。快速进样腔是将样品从外界传入超高真空制备腔的过渡腔体，其所配备的机械泵及分子泵全速运转可使快速进样腔的真空度达到 10^{-6} Pa，同时小的容积能够使快速进样腔在较短时间内获得较高的真空度。快速进样腔通过一个法兰闸板阀与超高真空制备腔相连，当快速进样腔达到较高的真空度时，打开法兰闸板阀可以将样品传入超高真空制备腔。超高真空制备腔通过离子泵及钛升华泵可以将腔体真空度维持在 3×10^{-8} Pa，这个真空度能够保证样品的生长质量。超高真空制备腔包括三个蒸发源，其中一个为原位蒸发源，原位蒸发源可以实现样品的原位变温生长及实时表征，另外两个蒸发源正对着操纵杆，将待生长的样品放在操纵杆上，通过控制蒸发源的参数来实现样品表面纳米材料的生长。操纵杆上配有直流加热和辐射加热两套加热装置，生长完的样品可以在操纵杆上进行一定温度的退火处理。Si 等半导体材料可以直接通过对材料本身通直流电的方式进行加热，而一些导电性良好的导体材料只能通过加热热解氮化硼板进行辐射加热。操纵杆上放置样品的位置处装有热电偶，可以对样品的温度进行精确监测。在做完薄膜 MBE 生长实验后，可以通过机械手将操纵杆上待测量的样品传入 STM 观察腔进行薄膜表面形貌表征，以便观察、评估薄膜的生长质量。

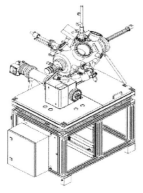
（a）超高真空变温STM系统的轮廓图

（b）金属蒸发源

（c）自制简易分子蒸发源

图 11-4　实验装置

11.5　实验步骤

（1）Si 衬底的清洁处理。使用丙酮、酒精/异丙醇、去离子水分别对 Si 衬底进行超声清洗，将其表面的油脂、尘埃去除，并用氮气枪将其表面快速烘干。

（2）安装 Si 衬底。将清洁完毕的 Si 衬底抛光面朝上，固定在直流样品架上，并用万用表测量其两端是否导通，安装正确时其两端的电阻范围为 1～10 Ω。

（3）快速进样。将样品架放置在快速进样腔中后开启机械泵，等待 10 min 后开启分子泵。待分子泵全速运转后，开启快速进样腔的真空计查看。此时需要等待泵组工作，直到气压低于 5×10^{-5} Pa 之后方可打开超高真空制备腔与快速进样腔之间的法兰闸板阀，将样品传送至超高真空制备腔的生长样品台上。

（4）Si 衬底除气。先对样品架和 Si 衬底进行低温除气，去除吸附在其表面的杂质及污染物。然后通过直流电源缓慢地增大电流，同时观察超高真空制备腔的真空度，不可低于 1×10^{-7} Pa。若真空度低于该值，则停止增大电流，待真空度合适后再继续增大电流。通常情况下，将 Si 衬底加热至 500～600 ℃（3.1 A、4.1 V）时，Si 衬底表面呈现出暗红色，持续加热 5～6 h 即可得到干净且可用于外延生长的 Si 衬底表面。

（5）Au 薄膜外延生长。先将 Si 衬底温度降至 400 ℃左右，此时 Si 衬底表面观察不到任何颜色。然后将装有 Au 高纯元素的蒸发源温度设定为 850～900 ℃。待蒸发源温度稳定后，调节样品台的角度，使其正对蒸发源。随后打开蒸发源的旋转挡板，进行生长。30 min 之后关闭旋转挡板，关闭蒸发源，生长结束。此时温度维持 400 ℃不变保温 30 min，使得 Au 原子继续弛豫以获得更好的表面。

（6）Au 薄膜表面形貌表征（见图 11-5）。缓慢减小电流，待样品冷却后将其传入 STM 观察腔进行样品表面形貌表征。

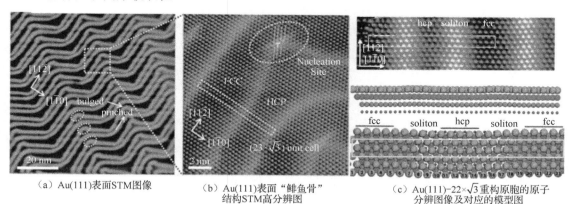

（a）Au(111)表面STM图像　　　（b）Au(111)表面"鲱鱼骨"结构STM高分辨图　　　（c）Au(111)-22×$\sqrt{3}$重构原胞的原子分辨图像及对应的模型图

图 11-5　Au 薄膜表面形貌表征

11.6　思考与讨论

（1）为什么在薄膜生长过程中需要维持超高真空条件？超高真空如何影响薄膜的质量、

结构和功能特性？

（2）薄膜生长的不同模式（如岛状生长、层状生长、混合生长）是如何在超高真空条件下形成的？这些模式在具体应用中会产生什么影响？

（3）在超高真空条件下生长的薄膜，其表面平整度如何影响其电子、光学等特性？

（4）超高真空薄膜生长技术有哪些实际应用（如半导体、光电材料等）？讨论实际应用中对薄膜特性的具体需求，以及如何通过调控生长条件来满足这些需求。

第 12 章　扫描隧道显微镜的应用

　　材料的结构和电子态密度分布决定了材料的基本性质。测量材料的结构和电子态密度分布是研究材料性能、应用，以及进行材料改性与新材料设计的基本要求。长期以来，人们对材料的微观空间结构与电子态结构进行探索的主要方法是，利用微观粒子（光子、电子等）与材料相互作用时的衍射和电子、光子激发现象，如 X 射线衍射、低（高）能电子衍射、扫描/透射电子显微镜能谱、X 射线光电子能谱等，将材料的结构信息或电子态密度信息反映出来。这类方法在已知、未知材料的分析方面获得了极大的成功，已经成为重要的材料测试方法。但是它们通常反映的是材料的宏观和周期性结构信息，是材料信息的平均效应，缺乏材料表面微结构及单分子电子态密度的测量能力。扫描隧道显微镜（Scanning Tunneling Microscopy，STM）的发明从根本上解决了这个问题。

12.1　实验背景

　　STM 是由 Binning 和 Rohrer 在 IBM 苏黎世实验室发明的。STM 的出现开启了人们在实空间中认识物质的大门。原子的概念至少可以追溯到一千年前的德莫克利特时代，但在漫长的岁月中，原子还只是假设而并非可观测到的客体，人的眼睛不能直接观察到比 10^{-4} m 更小的物体或物质的结构细节。光学显微镜延伸了人类的视觉，使人类可以观察到像细菌、细胞这样小的物体，但由于光波的衍射效应，光学显微镜的分辨率只能达到 10^{-7} m。STM 的横空出世使人类第一次实时地观察到单个原子在物质表面的排列状态和与表面电子行为有关的物化性质，其在表面科学、材料科学、生命科学等领域的研究中有着重大的意义和广泛的应用前景，被国际科学界公认为 20 世纪 80 年代世界十大科技成就之一。为了表彰 STM 的两位发明者对科学研究所做出的杰出贡献，1986 年 Binning 和 Rohrer 被授予诺贝尔物理学奖。

　　STM 的表征图是由很细的针尖在外加一定电压的条件下对物质表面进行扫描得到的图像。在经典物理的图像下，如果没有物理接触就没有电流。然而，在量子世界中，如果两个物体之间的距离足够小，在半纳米的量级上，针尖的波函数与样品的波函数就会产生交叠，电子就会穿过势垒到达另外一边，从而在针尖与样品之间产生隧道效应。在外加偏压的影响下，电子会定向移动从而产生电流，这种隧道电流的量级通常在皮安（10^{-12} A）与纳安（10^{-9} A）之间，电流大小随针尖与样品之间距离的增加呈指数级下降的趋势，并且与样品电子态密度和针尖电子态密度有关。正是由于这种指数级下降的趋势，STM 才能探测到实空间中皮米（10^{-12} m）量级的变化，如此高的分辨率使人类研究原子尺度或亚原子尺度下电子态密度的变化成为可能。在低温下，STM 的能量分辨率由费米分布函数的热展宽决定，通常可到毫电子伏特（meV）与微电子伏特（μeV）之间。STM 的技术难度在于扫描过程中维持针尖与样品之间的距离，下面将详细介绍 STM 的工作原理。

12.2 实验目的

（1）了解隧道效应及 STM 的工作原理。

（2）测定高定向热解石墨（HOPG）的表面原子结构。

12.3 实验原理

STM 基于量子力学中的隧道效应工作，在样品与针尖之间加一定电压后会形成隧道电流，该电流可用微扰论来计算。当样品上的电压相对针尖为$-U$时，样品的费米面相当于被抬高了，电子将会从样品中穿过真空层到达针尖的空态上，如图 12-1（a）所示。在能量为 E 时，从样品到针尖的隧道电流为

$$I_{\text{sample}\to\text{tip}} = -2e \cdot \frac{2\pi}{\hbar}|M|^2 \left(\rho_s(E) \cdot f(E)\right)\left[\rho_t(E+eU) \cdot (1 - f(E+eU))\right] \tag{12-1}$$

式中，2 是由自旋引入的前置因子；$-e$ 是电荷量；$2\pi/\hbar$ 来自微扰论；$|M|^2$ 为隧穿矩阵元；$\rho_s(E)$、$\rho_t(E)$ 分别是样品和针尖的电子态密度；$f(E)$ 是费米分布函数。

$$f(E) = \frac{1}{1 + e^{E/k_B T}} \tag{12-2}$$

式中，k_B 为玻尔兹曼常数；T 为温度。虽然大部分隧道电流是从样品流向针尖的，但也有少量隧道电流是从针尖流向样品的：

$$I_{\text{tip}\to\text{sample}} = -2e \cdot \frac{2\pi}{\hbar}|M|^2 \left(\rho_t(E+eU) \cdot f(E+eU)\right)\left[\rho_s(E) \cdot (1 - f(E))\right] \tag{12-3}$$

将式（12.1）与式（12.3）合并，对所有可能的能量积分，可得到从样品到针尖的总体隧道电流：

$$I = \frac{-4e\pi}{\hbar} \int_{-\infty}^{+\infty} |M|^2 \rho_s(E)\rho_t(E+eU)[f(E) - f(E+eU)]\mathrm{d}E \tag{12-4}$$

由于所有的测量均在低温条件下进行，所以式（12-4）中的 $f(E) - f(E+eU)$ 在费米能级时接近阶梯函数，且仅在 $-eU < E < 0$ 区间内为 1，在其余区间内均为 0，则式（12-4）可近似为

$$I \approx \frac{-4e\pi}{\hbar} \int_{-eU}^{0} |M|^2 \rho_s(E)\rho_t(E+eU)\mathrm{d}E \tag{12-5}$$

在实际的测量中引入 $k_B T$ 的能量展宽。

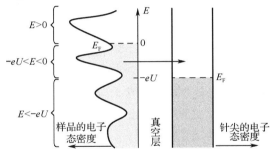

图 12-1 针尖与样品之间的隧穿示意图

（能量沿着竖轴方向，水平轴为样品和针尖的电子态密度，阴影部分表示被电子占据）

在挑选针尖材料时，应选择一种在费米面附近能量范围内电子态密度相对稳定的材料。假如我们要研究某材料在费米面 0.2 eV 范围内的性质，则隧道电流是针尖和样品的电子态密度在此能量范围内的卷积，如果针尖在此能量范围内的电子态密度保持稳定，那么可将 $\rho_t(E+eU)$ 看成常数提到积分号外，即

$$I \approx \frac{-4e\pi}{\hbar} \rho_t(0) \int_{-eU}^{0} |M|^2 \rho_s(E) dE \qquad (12\text{-}6)$$

常用的针尖有钨针尖和铂铱针尖。本实验中的所有环节均使用钨针尖，并且通常会在腔体内进行相应的处理。

Bardeen 在 1961 年提出了真空隧穿理论，可概括为三条假设：第一，针尖和样品的电子态密度相互独立；第二，针尖和样品在真空中的波函数存在指数衰减；第三，波函数的交叠足够小以至于双方不会被对方影响，这样隧穿矩阵元就是一个常数，可提到积分号外。因此，隧道电流可写为

$$I \approx \frac{-4e\pi}{\hbar} |M|^2 \rho_t(0) \int_{-eU}^{0} \rho_s(E) dE \qquad (12\text{-}7)$$

隧穿矩阵元来自针尖和样品在真空中的波函数存在指数衰减的假设，通常我们认为真空层是一个方形势垒，可以用半经典的 WKB 近似方法计算。实际上由于外加偏压的作用，在方形势垒顶部会产生一定的倾斜，不过这种倾斜程度相比逸出功小，可忽略不计。结果表明，通过方形势垒的隧穿概率为 $|M|^2 = e^{-2\gamma}$，其中 γ 为

$$\gamma = \int_0^d \sqrt{\frac{2m\varphi}{\hbar^2}} dx = \frac{d}{\hbar}\sqrt{2m\varphi} \qquad (12\text{-}8)$$

式中，m 为电子质量；d 为方形势垒的宽度（针尖与样品之间的距离）；φ 为方形势垒的高度（由针尖和样品的逸出功决定）。因此，逸出功可由隧道电流和针尖与样品之间的距离得出：

$$I \propto e^{-2d\sqrt{2m\varphi}/\hbar} \qquad (12\text{-}9)$$

逸出功即隧道电流的对数对针尖与样品之间距离的斜率，通常情况下为 3～4 eV。逸出功越高，隧道电流的变化就越大，针尖在竖直方向上的分辨率就越高。因此，当针尖与样品之间的距离 d 变化 1 Å 时，隧道电流就会发生一个量级的改变。STM 正是利用隧道电流随 d 的敏感变化来探测样品表面的微小起伏的，纵向分辨率可达 0.01 nm。

12.4　实验装置

本实验采用的仪器是苏州海兹思纳米科技有限公司生产的超微教学型 STM，其主要由 STM 扫描头、大理石隔振平台和控制器及带放大镜的屏蔽罩三大部分组成，如图 12-2 所示。STM 技术是一门综合的技术，涉及精密机械、电子设计、计算机自动控制及图形图像后处理等方面的内容。STM 系统大体由振动隔离系统、压电扫描器、粗调定位器及电子学控制系统四大部分组成，如图 12-3 所示。

　（a）STM 整体图　　　（b）大理石隔振平台和控制器　　　（c）STM 扫描头　　　（d）带10 倍放大镜的屏蔽罩

图 12-2　超微教学型 STM 及其组成部分

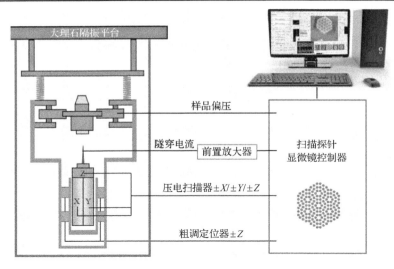

图 12-3　STM 系统示意图

12.4.1　振动隔离系统

根据上面的分析可知，隧道电流对于针尖与样品之间的距离极为敏感，微小的振动就有可能带来极大的隧道电流改变。因此，振动的隔离是 STM 设计时首先要考虑的事情，也是STM 获得稳定的工作环境及原子级分辨率的关键所在。本实验装置中，STM 扫描头被固定在大理石板块上，与其刚性相连，并附带四条减震腿及屏蔽罩，用于隔绝周围振动所带来的噪声。

12.4.2　压电扫描器

压电扫描器主要基于压电陶瓷材料，如锆钛酸铅（PZT）的逆压电效应工作。压电陶瓷的形变量可以通过施加电压的大小来控制，从而精确控制微小形变。STM 使用的压电扫描器是单管压电陶瓷，顶端与针尖连接，外管壁的四块区域上镀有四个金电极，分别对应于$\pm X$、$\pm Y$方向，用于控制针尖在平面内的移动。管的顶端附近镀有对应于$\pm Z$方向电极，用于控制针尖在垂直方向的运动。

12.4.3　粗调定位器

压电扫描器在针尖进入隧穿区域时起作用，而粗调定位器可以将针尖从距离样品几厘米逼近到隧穿距离（约 1 nm）。粗调定位器的进针原理图如图 12-4 所示。粗调定位器的外形是一个三棱柱，每个面上各有一对压电陶瓷片，压电扫描器被压电陶瓷片固定在中间。当向压电陶瓷片施加锯齿波电压时，压电陶瓷片发生剪切形变，带动压电扫描器向前移动。随后立即撤去电压，压电陶瓷片恢复原状。在整个过程中，由于惯性作用压电扫描器会沿着滑轨向前移动一步。通过连续施加锯齿波电压，可以实现压电扫描器在 Z 方向连续移动，从而实现进针或退针。这种进针的方式也称为 Pan type，由潘庶亨教授提出。

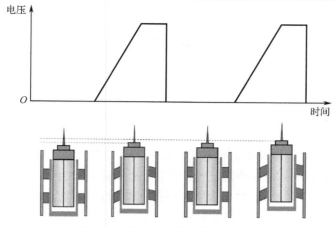

图 12-4　粗调定位器的进针原理图

12.4.4　电子学控制系统

STM 中的电子学控制系统大部分集成在商业化的控制器中，可以在计算机上通过软件进行具体操作。在 STM 的工作过程中，最重要的部分是反馈系统。当针尖进入隧穿区域后，反馈系统开始起作用。在开始扫描前需要设定一个隧道电流。在针尖扫描过程中，样品表面的起伏会导致针尖与样品之间的隧道电流偏离设定值，这时反馈系统将会调节压电扫描器上 Z 方向的伸缩量，以保持隧道电流符合设定值。STM 的反馈系统示意图如图 12-5 所示。隧道电流 I_t 先经过前置放大器转换为电压 U_t，再经过对数放大器转换后与距离成正比，随后与隧道电流设定值对应的电压进行比较。误差值通过增益放大电路进入积分电路（T_c 为积分时间），最后通过高压运算放大器反馈到压电扫描器的 Z 极上，从而控制压电扫描器的伸缩。系统记录下 XY 平面内对应点压电扫描器的伸缩值，就可以得到 STM 恒流模式下的形貌图。

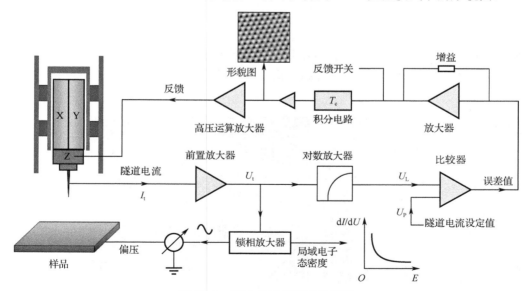

图 12-5　STM 的反馈系统示意图

12.5 实验内容及步骤

12.5.1 针尖的制备和安装

1．针尖的制备

（1）使用丙酮清洗铂铱丝及与其接触的钢丝钳的切口部分、平口钳和尖口镊子。

（2）用平口钳夹稳长约 4 mm 的铂铱丝，一手握紧夹着探针的平口钳，另一手握紧钢丝钳，钢丝钳与平口钳之间的角度约为 45°。将钢丝钳尽量靠近平口钳，确保剪出的针尖长度小于 7 mm。收紧钢丝钳直到感觉到切口部分卡紧了探针。

（3）用约 50 N 的力轻拉平口钳，同时用钢丝钳剪断铂铱丝。其中的诀窍是在铂铱丝断开时，最后的连接处是被拉断的，形成一个极细的针尖，具体可参考图 12-6。

（4）先使用尖口镊子夹住探针靠近针尖，但不要碰到以免损坏针尖，然后松开平口钳，使用尖口镊子夹住探针。

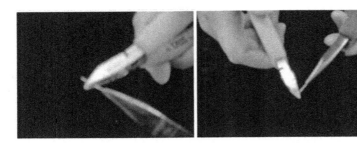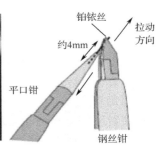

图 12-6　针尖制备示意图

2．针尖的安装

将探针移到探针夹的沟槽中，探针必须穿过探针夹的下面；使用尖口镊子将探针从侧边移到指定的卡槽中；将探针牢牢固定在探针固定器中且露出针尖 2～3 mm。针尖安装示意图如图 12-7 所示。

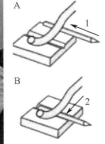

图 12-7　针尖安装示意图

12.5.2　样品的制备和安装

1．样品的制备

样品为导体或半导体，样品表面要平整，起伏不应超过 200 nm，且表面要洁净、没有油污和灰尘。如果样品表面不平整，则可以用胶带纸轻微修饰。样品要用导电胶粘在样品基片（已随仪器配备数片）上。待导电胶干后，用万用表测试样品与基片是否导通，确认导通后方可进行测试。对于高定向热解石墨样品，如果长时间未使用或被污染，则需要揭离表面一层，具体操作为先使用透明胶带粘在样品表面，并轻轻按压平整，然后慢慢撕开透明胶带，去除石墨表面一层，得到干净新鲜的石墨表面。

2．样品的安装

（1）打开装有样品台的盒子，注意只能触摸样品台黑色手柄部位（切记不可触摸样品台的金属表面，如果样品台的金属表面有油脂等脏物，则会影响驱动电动机对样品台的驱动）。

（2）先用镊子把盒子中的样品轻轻拖到样品台的磁铁端，样品将被磁力吸附在样品台上，然后移动样品至中心。

（3）将样品台轻轻放到 STM 扫描头的样品台支架上，小心推动样品台使其靠近针尖，针尖与样品之间的距离为 2～3 mm。

样品安装示意图如图 12-8 所示。

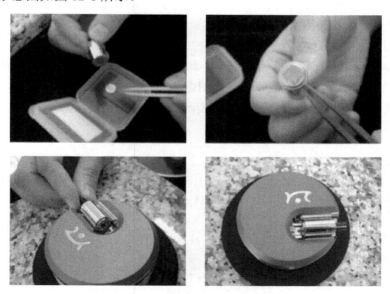

图 12-8　样品安装示意图

12.5.3　样品的靠近和样品表面形貌的测量

1．样品的靠近

在测量之前，确保计算机处于开机状态，确保 TSTM 控制器已经连接电源，且 USB 接口已经连接到计算机。打开 TSTM 控制器的电源，进入 Hzs-Nanosurf 软件界面（软件默认进入中文界面）。

（1）手动推动样品支架使其靠近探针。探针与样品之间的距离在 2～3 mm 范围内即可，随后盖上屏蔽罩。

（2）使用电动机粗调靠近。在测试面板上单击"前进"按钮，使样品按照每步 0.1 mm 接近针尖，当通过屏蔽罩上的放大镜观察到探针与其在样品上的镜像之间的距离为 2～3 倍针尖直径时，停止前进。

（3）当粗调使探针与其在样品上的镜像之间的距离为 2～3 倍针尖直径时，就可以单击测试面板上的"下针"按钮，电动机可带动样品自动前进，到达工作区域内后可自动停止。

（4）在靠近时，一些参数，如设置值、比例增益、积分增益、探针电压等，根据样品导电性等特性不同，设置也不同。如果不知道样品特性，则也可以使用控制面板上的默认值，待接近后再根据样品进行调整。

2．样品表面形貌的测量

（1）扫描图像。下针完成后，探针针尖到达指定工作区域后，软件自动弹出"已下针"对话框，单击"确定"按钮后，针尖自动开始扫描样品。

（2）大范围扫描。通过设置图像尺寸，将扫描范围从 200 nm 增大至 500 nm，可得到石墨台阶图像。

（3）选择原子级平坦区域。单击"选择放大区域"按钮，避开台阶，选择平坦区域扫描。

（4）缩小范围获得原子图像。缩小图像尺寸至 5 nm 以下，降低扫描时间至 0.03 s，扫描线为 128，可得到石墨原子图像。

（5）保存图像。本软件图像可自动保存，扫描完成一幅图像即自动保存。在软件右侧面板中单击"图库"即可查阅所有保存的图像，还可以对图像进行"改名""删除""另存为"等操作。单击"在浏览器中显示"即可进入图像所在文件夹。在自动保存时，可在"模板编辑器"中指定文件名的模板，如"石墨原子图[index]"，index 会自动加入 1、2、3 等数字。石墨表面原子结构图如图 12-9 所示。

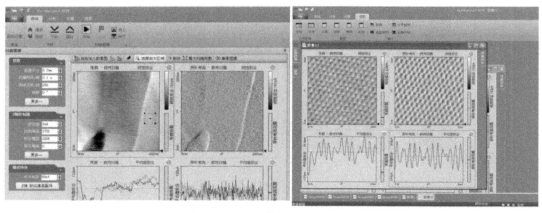

图 12-9　石墨表面原子结构图

12.5.4　实验结束

（1）样品测试结束后，单击"停止"按钮，停止样品扫描。

（2）单击"测试"窗口中的"提针"按钮，电动机驱使样品远离探针，可单击"撤回"按钮快速让样品远离探针。

（3）关闭控制器电源和计算机电源，取出探针和样品，并将仪器整理好放置到仪器箱内。

12.6　实验中可能遇到的问题

（1）未与控制器连接。这个问题是由软件与控制器连接不通导致的，遇到这种情况请检查控制器电源是否打开和 USB 接口有没有连接计算机。

（2）电动机粗调靠近太慢或停止。清洗样品台导轨的表面；查看样品台是否清洁，如果有脏物请用无尘纸或脱脂棉蘸丙酮或无水酒精轻轻地顺着样品台轴向擦拭。

（3）图像一片白或一片黑。图像一片白一般是因为探针撞到了样品，导致针尖损坏，扫描图像呈现一片白。图像一片黑往往是因为外界震动或噪声干扰，导致探针假靠近，此时需要再次下针确认探针是否真正进入工作区域。

（4）如果出现如图 12-10（a）所示的情况，针尖不是很尖锐或有污染物，则可以持续扫描 4 幅或 5 幅图像，针尖可能最终将脏物扫除。如果情况没有改善，则可以单击"STM 针尖清洗脉冲"，清洗针尖或退针后重新靠近。

（5）如果出现如图 12-10（b）～（e）所示的情况，则需要将探针取下制备针尖。

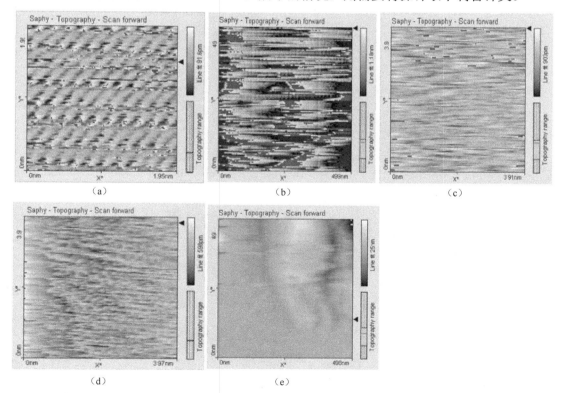

图 12-10　存在针尖状态问题可能呈现的 STM 图像

12.7　思考与讨论

（1）STM 基于什么原理工作？为何能达到原子级分辨率？我们在实验中能达到原子级分辨率吗？为什么？

（2）阐述 STM 恒高模式和恒流模式的基本工作原理。

（3）通过对 STM 的实际操作，请分析不同的扫描速度对样品形貌图的影响情况。

（4）用 STM 获得的样品表面形貌图实质上表示的内容是什么？

第13章 X射线衍射

X射线物相分析以晶体结构为基础，通过比较晶体衍射花样进行。对于晶体物质来说，各种物质都有自己特定的结构参数（点阵类型、晶胞大小、晶胞中原子或分子的数目和位置等），结构参数不同，X射线衍射花样就不同，所以通过比较X射线衍射花样可区分出不同的物质。在本实验中，我们将一起学习X射线的产生机制、通过X射线进行晶体结构分析的原理和方法、晶体晶面间距及晶粒尺寸的计算等知识。

13.1 实验背景

1885年，伦琴发现受高速电子撞击的金属会发射一种穿透性很强的射线。由于人们对其本质不了解，所以称其为X射线，也称为伦琴射线。1912年，劳厄等发现了X射线通过晶体时发生的衍射现象，从而促使了X射线衍射技术的诞生，该技术是研究晶体内部结构的重要技术手段。劳厄因此项成果于1914年获得诺贝尔物理学奖。劳厄设想X射线是极短的电磁波，而晶体又是原子（或离子）有规则的三维排列形式，就像一块天然光栅那样，只要X射线的波长和晶体中原子（或离子）的间距具有相同的数量级，当用X射线照射晶体时就应能观察到干涉现象。1913年，英国物理学家布拉格父子提出了一种解释X射线衍射的方法，给出了定量结果，与劳厄的理论结果一致。布拉格父子因此项成果于1915年获得诺贝尔物理学奖。

当高速运动的粒子与原子相撞时，原子的内层电子被激发跃迁至外层成为激发电子，甚至脱离原子的束缚成为自由电子，从而在原子内部形成空位，这时外层电子就会向内层轨道跃迁以填补空位。在这个过程中，电子会释放出能量从而产生X射线，也称为特征谱线。例如，Mo原子的第一层电子被激发后，其第二层电子向第一层轨道跃迁产生波长为 0.0711 nm 的Kα射线；若第三层电子向第一层轨道跃迁，则会产生波长为 0.0623 nm 的Kβ射线；若高层电子向第二层轨道跃迁，则会产生M系的X射线。这些X射线构成了该元素的X射线特征光谱，其谱线具有明显的峰值。此外，当电子接近原子核时，电子发生偏转并减速，这时电子也会辐射出X射线，这种辐射称为韧致辐射（见图13-1），其谱线是连续分布的。

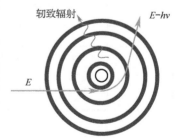

图 13-1 韧致辐射示意图

实际应用的X射线管由阴极（电子源）和阳极（靶）两部分组成。阴极用低压电流加热产生电子。在阴极和阳极之间加上 20～40 kV 的电压，使电子获得能量向阳极高速飞去，当电子与阳极相撞时就会产生X射线，其中包括由韧致辐射产生的连续谱线和由电子跃迁产生的特征谱线。

连续谱线是高速电子被阳极突然阻止而产生的X射线，其波长是连续的。当电子的动能全部转化为光子的能量时，光子的波长为

$$\lambda_{min} = hc/(eU) \tag{13-1}$$

这是连续谱线的短波端的极限，随 U 的增大而减小，连续谱线的强度与 X 射线管电压的平方、X 射线管电流和阳极材料的原子序数成正比。

特征谱线包括若干线系，分别为 K、L、M 等线系（见图 13-2），它们分别是外层电子向第一层、第二层、第三层等轨道跃迁而产生的。

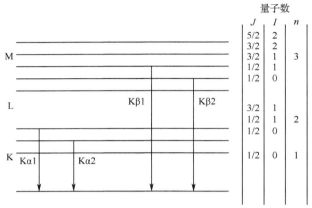

图 13-2　X 射线的 K 线谱系

K 系谱线又包含 Kα、Kβ 等线系，它们分别是电子从第二层、第三层等轨道向第一层轨道跃迁而产生的。在所有的射线中，以 K 系谱线最强，而在 K 系谱线中，以 Kα 射线最强，Kβ 射线次之。因此，一般应用都用这两个谱线，必要时还要用滤光片把 Kβ 射线滤去以得到比较纯净的 Kα 射线。滤光片用原子量比阳极材料小 1～2 的金属制成。常用靶材 K 系谱线的数据如表 13-1 所示。

表 13-1　常用靶材 K 系谱线的数据

原子序数 N	元素符号	波长 λ（×10^{-1}）/nm			激发电位 U_k/kV	X 射线机工作条件	
		Kα1 射线（强）	Kα2 射线（次强）	Kβ 射线（弱）		U/kV	I/mA
26	Fe	1.93589	1.93992	1.75655	7.10	25～30	9.0
27	Co	1.78529	1.78919	1.62101	7.10	30	8.5
29	Cu	1.54050	1.54434	1.39216	8.86	30～35	12
42	Mo	0.70926	0.71354	0.63255	20.00	50～55	8.0
74	W	0.21380	0.21380	0.18460	69.30	70～75	10

13.2　实验目的

（1）了解 X 射线的产生机理及其与物质之间的相互作用。
（2）学会使用 X 射线进行晶体结构分析的原理和方法。
（3）掌握使用 X 射线衍射结果计算晶面间距的方法。
（4）掌握使用 X 射线衍射结果计算晶粒尺寸的方法。

13.3　实验原理

X 射线与物质相互作用时有各种不同的、复杂的过程。就其能量转换而言，一束 X 射线在通过物质时可分为三部分：一部分被散射，一部分被吸收，一部分透过物质继续沿原来的方向传播。

散射分为相干散射和非相干散射。相干散射是指物质中的电子在 X 射线电场的作用下产生强迫振动，这样每个电子便在各个方向上产生与入射 X 射线同频率的电磁波。由于散射光与入射光的频率和波长一致、相位固定，在相同方向上各个散射波符合干涉条件，因此称为相干散射。相干散射是 X 射线在晶体中产生衍射的基础。

由于 X 射线的波长很短，因此可以利用晶体对 X 射线的衍射现象来测量晶面间距。英国物理学家布拉格父子在这一方面做出了巨大贡献，他们在 1913 年提出了有名的布拉格公式：

$$2d\sin\theta = k\lambda \tag{13-2}$$

式中，$k = 1,2,\cdots$。

由于 X 射线的波长与固体原子的间距具有相同的数量级，因此 X 射线在掠过晶体表面时会发生衍射现象。在晶体中，各个原子按一定的规律整齐地排列，形成一个个晶面，晶面之间的距离称为晶面间距 d。当 X 射线以 θ 角入射到晶体中时，仅当其波长 λ 与 d 之间的关系满足式（13-2），使得相邻晶面的反射光相位相同时，在这个角度上会出现衍射峰；在其他角度上，反射光相位不同，互相抵消，因而不会出现衍射峰。由式（13-2）可知，发生衍射现象的必要条件是 $\lambda \leqslant 2d$，而且 X 射线的波长越小，就会产生越多的衍射峰。

将 X 射线掠过晶体的表面，并转动晶体，用 G-M 计数器探测反射光的强度，并画成强度与掠射角 θ 的曲线。将曲线峰值处对应的 θ 代入布拉格公式就可以求出晶面间距 d。对于第一个峰，式（13-2）中的 k 取值为 1。

X 射线在晶格上的衍射示意图如图 13-3 所示。

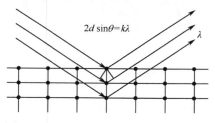

图 13-3　X 射线在晶格上的衍射示意图

X 射线物相分析以晶体结构为基础，通过比较晶体衍射花样进行。对于晶体物质来说，各种物质都有自己特定的结构参数（点阵类型、晶胞大小、晶胞中原子或分子的数目和位置等），结构参数不同，X 射线衍射花样就不同，所以通过比较 X 射线衍射花样可区分出不同的物质。

当多种物质同时衍射时，其衍射花样是各种物质自身衍射花样的机械叠加。它们互不干扰、相互独立，对其进行逐一比较就可以在重叠的衍射花样中剥离出各种物质的衍射花样，对其进行分析、标定后即可鉴别各物相。定性物相分析方法是指将由试样测得的 d-I 数据组与已知结构物质的标准 d-I/I1 数据组（PDF 卡片）进行对比，以鉴定试样中存在的物相。

如果衍射峰宽化仅由晶粒细化造成，且晶粒尺寸均匀，则可导出谢乐（Scherrer）公式，即

$$D_{hkl} = \frac{K\lambda}{\beta_{hkl}\cos\theta} \tag{13-3}$$

式中，D_{hkl} 为垂直于 (hkl) 晶面的平均晶粒尺寸；K 为形态常数，与线型、晶体外形和晶面有关，

如立方体的 K 为 0.94、四面体的 K 为 0.89、球形的 K 为 1 等，一般忽略晶体外形，积分宽度取 1，半高宽取 0.9；β_{hkl} 为晶粒细化引起的峰形宽度（弧度）。

13.4　实验装置

德国 PHYWE 公司生产的 X 射线实验装置（见图 13-4）是一种小型的教学用 X 射线实验装置，可进行多种实验。该装置用微处理机控制，连接计算机进行数据的采集和处理，使用很方便。正面装有铅玻璃防护门，当防护门被打开时，高压就会被自动切断，保证了使用的安全性。装置的下方是控制面板；左方是 X 射线管，内置阳极材料为 Cu；右方是实验舱，内置测角器，松开锁定螺钉即可调节测角器的位置。测角器上装有 G-M 计数器。装置的后面有电源开关，右侧面有一个圆形的荧光屏。装置的上方是空通道，构成实验舱内外沟通的通道，为了不使 X 射线外泄被设计成迷宫形式。

图 13-4　德国 PHYWE 公司生产的 X 射线实验装置

13.5　实验内容及步骤

13.5.1　测定 LiF 晶体的晶面间距

（1）在靶台上装好 LiF 晶体。

（2）关上玻璃门，同时按下 ZERO 键，使仪器归零。

（3）调整测量持续时间为 3～5 s，角步幅设置为 0.1°。

（4）设置角范围为 5°～30°。

（5）打开计算机内的 PHYWE measure 软件，开始采集数据。

（6）根据布拉格公式 $2d\sin\theta = k\lambda$，计算 LiF 晶体的晶面间距 d 及百分误差。

（7）取下 LiF 晶体，将其放回干燥缸。在取晶体时要非常小心，以免损坏晶体。

13.5.2　测定 KBr 晶体的晶面间距

（1）在靶台上装好 KBr 晶体。

（2）关上玻璃门，同时按下 ZERO 键，使仪器归零。

（3）调整测量持续时间为 3～5 s，角步幅设置为 0.1°。

（4）设置角范围为 5°～30°。

（5）打开计算机内的 PHYWE measure 软件，开始采集数据。

（6）根据布拉格公式 $2d\sin\theta = k\lambda$，计算 KBr 晶体的晶面间距 d 及百分误差。

（7）取下 KBr 晶体，将其放回干燥缸。在取晶体时要非常小心，以免损坏晶体。

13.5.3　计算 In_2O_3 粉末的晶粒尺寸

（1）利用 Jade 软件查找 In_2O_3 粉末的标准衍射图谱。

（2）利用 MDI Jade 软件分析 In_2O_3 粉末的半高宽。

（3）利用 origin 软件画图并标识对应的晶面指数。

（4）根据谢乐公式计算最强衍射峰对应的晶粒尺寸。

13.6　思考与讨论

（1）X 射线管的阳极为什么要散热？

（2）为了测量晶体的晶面间距，在制备样品时晶体的切割方向应该是怎样的？

（3）对于选定的 X 射线，是否晶面间距 d 是任意值时都会产生衍射？

（4）为什么对于第一个峰，布拉格公式中的系数 k 取值为 1？

第14章　微波段电子自旋共振

一般情况下，原子和分子的磁矩主要是由电子自旋磁矩决定的。在外磁场中，原子和分子的磁矩（电子自旋磁矩）有一定的取向，其状态的改变会导致对电磁波的共振吸收，这种现象称为电子自旋共振（Electron Spin Resonance，ESR），也称为电子顺磁共振。电子自旋的概念首先是由泡利（W. Pauli）提出来的，1925 年乌仑贝克（G. E. Uhlenbeck）和哥兹密特（S. A. Goudsmit）利用这个概念解释了某些光谱的精细结构。近代核自旋共振观测技术由斯坦福大学的 Bloch 及哈佛大学的 Pound 于 1946 年分别独立开发，随后人们用它观察电子自旋。60 多年来电子自旋共振在研究顺磁性物质方面取得了很大的成功，成为测量原子或分子中未偶电子的重要方法。也就是说，电子自旋共振只能用于研究具有未偶电子的特殊化合物。它研究的对象主要有自由基和过渡金属离子及其化合物两大类。所谓自由基，是指在分子中具有一个未成对电子的化合物。在电子自旋共振实验中，人们主要通过测定样品的朗德因子 g 来了解原子和分子中的电荷分布、化学键性质、能级结构等有关知识，电子自旋共振已成为物理、化学、生物等领域的重要研究手段之一。

14.1　实验背景

电子自旋的发现起源于乌仑贝克和哥兹密特的工作，但这还得从奥地利物理学家泡利说起，只不过泡利在其中扮演的是"反面"角色。

1896 年塞曼（P. Zeeman）发现了塞曼效应，1897 年普雷斯顿（T. Preston）发现了反常塞曼效应，1921 年的斯特恩–盖拉赫（Stern- Gerlach）实验中出现了银原子束偶数分裂的现象。那时量子力学刚刚诞生，按照当时量子力学对原子能级的诠释，电子在轨道上运行，必定伴随着一个角动量 J 和一个磁矩 μ，其中角动量是量子化的。量子力学预言，角动量 J 在磁场方向上一共有 $2j+1$ 种情况，也就是说，原子光谱会分裂成奇数种可能。但在某些情况下，能级还能分裂成偶数个，如碱金属原子光谱中的每条谱线就分裂成两条。这在当时的理论图景下得不到合理的解释，被称为反常塞曼效应。1925 年，乌仑贝克和哥兹密特根据上述实验结果，大胆提出了电子自旋及其倍磁性假设，该假设不久就得到了整个学术界的公认。

在这之前，美国哥伦比亚大学一个名叫克罗尼格（R. Kronig）的博士生于 1925 年 1 月提出了电子自旋的假设，但并未发表相关论文。此时，他正在德国物理学家朗德的实验室访问。巧合的是，泡利也在此访问，于是克罗尼格见到了早已名声在外的泡利，并向泡利提起自己关于电子自旋的设想。

泡利听了克罗尼格的设想，随即对他进行了批判，而且严厉地指出，如果电子存在自旋，那么为了产生足够的角动量，电子假想赤道表面的线速度将超过光速，这是相对论不容许的。

此时量子力学刚刚诞生，薛定谔（E. Schrodinger）和海森堡（W. Heisenberg）的研究并未涉及电子自旋问题，既不能正确地反映高速（接近光速）微观粒子的行为，也不能自动给出电子自旋及自旋–轨道耦合理论。泡利虽然根据实验事实在薛氏方程中唯象地引入了电子自旋，但仍然是非相对论的。因此，电子自旋始终不是非相对论量子力学的自然产物。遭受打击的克罗尼格一下子对自己的研究失去了信心，这也使得克罗尼格并没有发表他的论文。半年后，两位荷兰物理学家乌仑贝克和哥兹密特发表了关于电子自旋的论文，并引起了物理学界的巨大反响。克罗尼格看到这篇文章时悔恨不已，对泡利的那盆冷水耿耿于怀。克罗尼格对电子自旋的研究，实际上比乌仑贝克和哥兹密特的研究更深入，但是他现在已经失去了首发权。

克罗尼格是哥本哈根诠释的支持者，这件事很快被波尔知道了，于是波尔鼓励克罗尼格把他的论文发表出来，从而在电子自旋的史册上留下一笔（克罗尼格的论文最终于 1926 年 4 月发表在 *Nature* 杂志上）。但是泡利这个"反面"角色并没有停息，他不仅给克罗尼格泼冷水，还对乌仑贝克和哥兹密特发表的论文进行了批判。随后在 1925 年 12 月 11 日的一次物理学家派对（参与者包括洛仑兹、爱因斯坦、波尔、泡利、斯特恩等）中，泡利和斯特恩对电子自旋的观点是一致的，两人还试图说服波尔不要接受电子自旋的观点，因为当时电子自旋还有很多概念不清楚，所以波尔也持质疑态度。

随后，爱因斯坦和波尔一起讨论电子自旋，其中自旋-轨道耦合是解释反常塞曼效应的关键。爱因斯坦告诉波尔，自旋-轨道耦合是狭义相对论的一个直接推论，这番话让波尔茅塞顿开，彻底接受了电子自旋的观点。就算如此，泡利还是死守阵地，不接受电子自旋的观点。这时泡利手中还有一张"王牌"，即在碱金属原子的双线光谱中，一个朗德因子 g 的预言值是测量值的两倍。这一理论缺陷让泡利占领着最后一块领地。

但是不久这个难题就被一个英国年轻人托马斯（L. Thomas）解决了。之前没有考虑相对论效应，当加入洛仑兹变化后，这个问题就迎刃而解了。这一现象被称为托马斯进动，其理论值和实验值以超高的精度吻合，有效数字有 10 多位。至此，原子光谱精细结构的能级问题完美地得到了解决。

后来，人们还相继发现其他基本粒子也存在同样的自旋现象。

刚开始泡利并不认同托马斯的诠释，因为泡利始终认为电子自旋就是经典世界的旋转，表面线速度超过光速这一点是他无法接受的。在与波尔等的反复沟通下，最终泡利接受了电子自旋的观点。

之后，狄拉克（P. A. M. Dirac）把相对论引入量子力学，得到了相对论形式的量子力学方程，从此电子自旋不再是假设，而是相对论量子力学的必然结果。狄拉克理论给出电子的 g 因子数值为 2（称为正常 g 因子），正好与乌仑贝克-哥兹密特二倍磁性假设相符。此后 20 年间，一切都显得非常圆满，似乎不再会有什么问题了。

但到了 1947 年，库什（P. Kusch）和弗利（H. M. Foley）用当时崭新的微波技术仔细地测量了电子的 g 因子数值，发现它与 2 有微小的偏差，这就是电子附加反常磁矩的发现。库什因此于 1955 年获得诺贝尔物理学奖。翌年，施温格（J. Schwinger）给出了出色的理论解释，电子不是孤立的，它还受到周围由其自身产生的量子化电磁场的作用，这种作用称为自能效应。对此，狄拉克理论已无能为力，最后由量子电动力学出色地解决了这一问题，其结果出人意料的简单。

泡利因为提出了泡利不相容原理在 1945 年获得诺贝尔物理学奖。

到这里，我们需要知道的是，粒子的自旋并非经典的旋转概念，而是基本粒子的内在属性，和质量、电荷的概念是一样的。之所以叫作自旋，是因为这个概念和经典的旋转概念有一些相似之处，但两者有着本质上的区别。

由电子自旋造成的原子能级细分，我们更多地称其为原子精细结构。每个原子的精细结构都不一样，利用原子的这一特性，可以测量遥远天体的元素成分。1944 年，苏联的扎沃依斯基首次观察到电子自旋共振现象，随后电子自旋共振逐渐被应用于科学研究。

电子自旋共振波谱学所参与研究的内容，如多相催化、高能辐射、高分子聚合、化学交换和反应中间产物、新技术晶体、半导体、特种玻璃等，都是当代科学技术的重大课题。生物体内含有微量自由基和过渡金属离子，绿色植物的光合作用、肿瘤致癌、生命衰老等生物过程都与自由基有关，电子自旋共振波谱技术更是在分子及细胞水平上研究生物问题必不可少的重要工具。因此，电子自旋共振波谱技术一出现就受到各个研究领域的普遍重视。特别是 1965 年麦克康奈等提出了自旋标记技术，可将自旋标记物——顺磁性报告基团接到原来不能用电子自旋共振方法研究的非顺磁性物质的分子上，或者扩散到其内部，开拓了电子自旋共振应用的新天地。

14.2　实验目的

（1）学习微波段电子自旋共振波谱仪的基本装置，并采用调频调场的基本思想观测电子自旋共振现象，学习其基本原理和实验方法。

（2）测定标准样品 DPPH 的朗德因子 g 及共振线宽。

14.3　实验原理

电子自旋共振是磁共振的一种。磁共振大致可以分为四个方面，即核磁共振、铁磁共振、反铁磁共振和顺磁共振。核磁共振与核自旋磁矩相关，其余三种磁共振均与电子自旋磁矩相关，区别在于铁磁共振和反铁磁共振处理的是电子自旋磁矩被很强的交换力耦合在一起的磁性系统（磁矩排列有序，形成磁畴），顺磁共振则局限于电子自旋磁矩之间为弱耦合的系统。顺磁性物质的电子自旋磁矩可看成彼此孤立的，在理论上将分别处理每个电子自旋磁矩，而

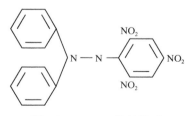

图 14-1　DPPH 的结构式

邻近的影响往往不予考虑。本实验中的样品为 DPPH，名为二苯基苦酸基联氨，分子式为$(C_6H_5)_2N—NC_6H_2(NO_2)_3$，其结构式如图 14-1 所示。DPPH 为稳定的有机自由基，中间少一个共价键，存在一个未成对电子，该电子就是本实验的研究对象。因为电子磁矩的绝大部分（>99%）贡献来自其自旋磁矩，所以实验中观察到的共振吸收现象是电子自旋共振现象，我们把电子顺磁共振称为电子自旋共振。

一个自由电子，其电荷为 $-e$，自旋角动量为 $\boldsymbol{p}$，它以 $\hbar = \dfrac{h}{2\pi}$ 为最小单位，即

$$|\boldsymbol{p}| = \sqrt{S(S+1)}\,\hbar \tag{14-1}$$

式中，$S = \dfrac{1}{2}$ 是电子自旋量子数；$\hbar = \dfrac{h}{2\pi}$，其中 $h = 6.626 \times 10^{-34}$ J·s 为普朗克常量。由于电子带电，所以自旋电子还具有平行于角动量的磁矩 $\boldsymbol{\mu}$。$\boldsymbol{\mu}$ 与 $\boldsymbol{p}$ 之间关系为 $\boldsymbol{\mu} = r\boldsymbol{p}$，对电子来说：

$$r = -\frac{ge}{2mc} \tag{14-2}$$

式中，r 是电子自旋运动的回旋比；m 是电子质量；c 是光速；g 称为朗德因子或劈裂因子，是一个无量纲的量，其数值大小与粒子种类有关，自由电子的 $g = 2.0023$，而原子或自由基中未配对电子的 g 要稍大一些。因此，有

$$|\boldsymbol{\mu}| = \frac{ge}{2mc}\sqrt{S(S+1)}\hbar = g\sqrt{S(S+1)}\frac{e\hbar}{2mc} = g\sqrt{S(S+1)}\mu_\mathrm{B} \tag{14-3}$$

式中，μ_B 为玻尔磁子（Bohr Magneton），$\mu_\mathrm{B} = \frac{e\hbar}{2mc} = 9.2741\times10^{-24}\ \mathrm{J\cdot T^{-1}}$。

设自由电子处于稳恒磁场 H 中，由于空间量子化，所以电子磁矩的取向不是任意的。取磁场 H 的方向为 Z 轴方向，则 $\boldsymbol{\mu}$ 在 Z 轴方向的投影为

$$\mu_Z = g\mu_\mathrm{B}m_\mathrm{s} \tag{14-4}$$

式中，m_s 为自旋磁量子数，m_s 取值有 $2S+1$ 个，或者说磁场的作用将电子单个能级劈裂成 $2S+1$ 个子能级。由于电子的自旋磁量子数 $m_\mathrm{s} = \pm1/2$，所以在磁场 H 中有两个不同的能级，相应的能量为 $\frac{1}{2}g\mu_\mathrm{B}H$ 和 $-\frac{1}{2}g\mu_\mathrm{B}H$。两能级的能量差为

$$\Delta E = g\mu_\mathrm{B}H \tag{14-5}$$

磁场 H 中电子自旋的能级分裂如图 14-2 所示。如果在电子所在的稳恒磁场区域再叠加一个与磁场垂直的交变磁场，它的一个能量子的能量为 $h\nu$，刚好等于 ΔE，即 $h\nu = \Delta E = g\mu_\mathrm{B}H$，则相邻两个能级间就有跃迁。电子吸收了交变磁场（电磁波）的能量，由低能级跃迁到高能级，这种吸收称为电子自旋共振。$h\nu = \Delta E = g\mu_\mathrm{B}H$ 即电子自旋共振条件，也可写成：

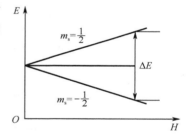

图 14-2　磁场 H 中电子自旋的能级分裂

$$\nu = g\frac{\mu_\mathrm{B}}{h}H \quad \text{或} \quad \omega = g\frac{\mu_\mathrm{B}}{\hbar}H \tag{14-6}$$

对于 $S=1/2$ 的自由电子，将 μ_B、h 和 g 代入式（14-6）可得

$$\nu \approx 2.8024H \tag{14-7}$$

式中，H 的单位为高斯（GS）；ν 的单位为兆赫（MHz）。由此可见，如果实验时用的是 3 cm 波段，频率为 9000 MHz，则共振磁场强度要求在 3000 GS 以上。

电子自旋共振和核磁共振一样，最初也是在射频波段观察到的，之后人们为了提高磁共振的灵敏度，用微波段取代了射频波段。由于电子自旋共振所需的磁场较弱，频率换成微波段也只需要几千高斯，比较容易实现，所以微波段观察法已成为电子自旋共振的主要实验方法。电子自旋共振的微波段观察法可分为通过式和反射式两类。本实验采用反射式调频场技术观察电子自旋共振。

在微波段电子自旋共振实验系统中，微波信号经过振荡器、隔离器、可变衰减器、波长计到达魔 T 的 H 臂，接于 1 臂中的样品谐振腔。在谐振频率点发生谐振吸收，其反射最小。反复调节魔 T 2 臂中单螺调配器的螺钉插入深度和位置，使 E 臂的检波信号输出最小。当外加稳恒磁场为谐振磁场 H_r 时，样品发生电子自旋共振吸收，改变了样品谐振腔的工作状态，E 臂的检波信号输出随之发生变化。将该信号接到示波器的 Y 轴，即可观查到共振信号。磁共振实验仪的"磁场"输出激励电子自旋共振实验系统的电磁铁产生共振所需的稳恒磁场。

为了能在示波器上观测到共振信号，需要产生扫动的磁场，它由磁共振实验仪的"扫场"输出接到电磁铁的调制线圈。当调制线圈以 50 Hz 大幅度信号调制时，构成低频、大调场、调制小信号。这时调制磁场变化一个周期，磁场变化通过共振点两次，共振信号通过晶体检波器就可以在示波器上观测到两个共振波形。

磁共振实验仪的 X 轴输出为示波器提供同步信号，调节"调相"旋钮可使正弦波负半周的共振吸收峰与正半周的共振吸收峰重合。

磁场的测定：因为磁共振实验仪输出的是比较精确的电流信号，磁场强度的数值是通过该电流接到电磁铁后产生的磁场来确定的，所以在实验前应先确定磁共振实验仪输出电流与磁场强度的数值关系曲线。把高斯计的探头固定在电磁铁中央，调节"磁场"旋钮，记录一组电流与磁场强度的对应数值，将该组数值描绘成曲线。在进行电子自旋共振实验时，根据电流即可得到磁场强度。

共振磁场的测定：将示波器的扫描置于 50 ms 挡，调整示波器 Y 轴灵敏度为 10 mV，调整磁场电流使示波器上出现尖状波形；调整磁场电流使示波器上出现另一条共振波形，并能左右移动。共振波形移动到间隔相等时的电流就是共振磁场的电流。通过查电流与磁场强度的对应数值，即可得到共振磁场强度。

14.4　实验装置

本实验使用 DH809A 型微波段电子自旋共振实验系统完成，其连接框图如图 14-3 所示。

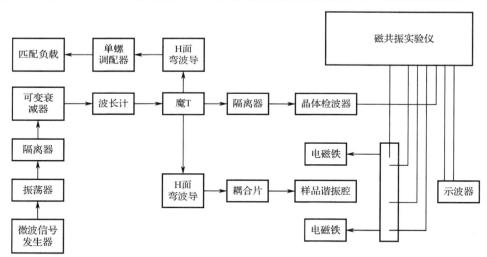

图 14-3　DH809A 型微波段电子自旋共振实验系统的连接框图

整个系统由微波信号发生器、振荡器、隔离器、可变衰减器、波长计、魔T、匹配负载、单螺调配器、晶体检波器、样品谐振腔、耦合片、磁共振实验仪、电磁铁等组成。为了连接方便，该系统中还增加了 H 面弯波导、波导支架、视频电缆、连接线、波导夹、螺钉等元件。

微波信号发生器：为系统提供微波信号。

振荡器：利用电子振荡的原理产生稳定的微波频率信号。该系统中的振荡器负责产生稳定的微波信号，具有高频率稳定性，允许通过外部控制信号进行频率调节，确保在整个实验过程中输出信号的频率不会因外界因素而发生变化。

　　隔离器：利用微波铁氧体传输的不可逆性原理制造而成。该系统中振荡器后的隔离器可以避免负载变化影响振荡器的输出功率和频率。晶体检波器前的隔离器可以避免晶体检波器的反射影响魔 T 1 臂、2 臂的工作。

　　可变衰减器：用来调节微波信号的功率电平。

　　波长计：用来测量微波信号的频率。

　　匹配负载：微波系统的匹配终端，用来吸收微波功率且无反射。

　　单螺调配器：在波导的宽边插入可调螺钉，它将反射部分入射波，使波导中的驻波分布发生改变。调节螺钉的插入深度及位置，就可以调至任何所需的电抗，用于补偿系统失配。在该系统中，其作用是使魔 T 2 臂中的负载阻抗与魔 T 1 臂中的负载阻抗相同。

　　晶体检波器：用来检测微波功率电平的大小。

　　样品谐振腔：工作于 TEM 模的反射式矩形谐振腔。电磁波通过耦合片进入谐振腔，在腔内形成驻波。移动谐振腔末端的短路活塞，可改变谐振腔的谐振频率。通过谐振腔宽边中央的窄缝的样品架，可改变样品在谐振腔中的位置，其位置可由贴在波导窄边上的刻度尺读出。样品为密封在一段细管中的 DPPH。在电子自旋共振实验中，样品应放置在谐振腔的电场波节点处（电场最小、磁场最强处）。

　　魔 T：其示意图如图 14-4 所示，在该系统中作为微波电桥使用。当信号从 H 臂输入时，在 1 臂、2 臂理想匹配的情况下，信号等幅、同相传输，E 臂无信号输出；在 1 臂、2 臂非理想端接的情况下，反射信号由 E 臂输出，其输出为 1 臂、2 臂微波信号的矢量和。

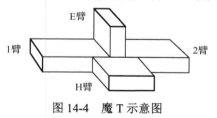

图 14-4　魔 T 示意图

14.5　实验步骤

　　（1）按图 14-3 连接系统，将可变衰减器的旋钮顺时针旋至最大，开启系统中各仪器的电源，预热 20 min。

　　（2）对磁共振实验仪的旋钮和按钮进行如下设置：“磁场”旋钮逆时针旋至最小，“扫场”旋钮顺时针旋至最大。按下“检波”按钮，此时磁共振实验仪处于检波状态。

　　（3）将样品位置刻度尺置于 90 mm 处，样品腔置于磁场正中央。

　　（4）将单螺调配器的探针逆时针旋至“0”刻度。

　　（5）使微波信号发生器工作于等幅工作状态，调节可变衰减器及“检波灵敏度”旋钮，使磁共振实验仪的调谐电表指示值占满刻度的 2/3 以上。

　　（6）用波长计测定微波信号的频率，方法如下：旋转波长计的测微头，找到电表跌落点，读取测微头示数，根据该示数查“波长计频率刻度对照表”即可确定振荡频率。该系统工作频率应为 9370 MHz，若工作频率不是 9370 MHz，则应调节微波信号发生器的振荡频率调节杆，使其工作于 9370 MHz。为了避免波长计的吸收对实验的影响，在测定完频率后，旋转波长计的测微头，使其远离电表跌落点。

（7）为了使样品谐振腔对微波信号谐振，调节样品谐振腔的可调终端活塞，使调谐电表指示值最小。此时，样品谐振腔中的驻波分布示意图如图 14-5 所示。

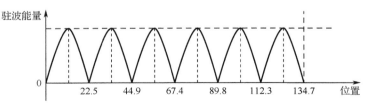

图 14-5　样品谐振腔中的驻波分布示意图

（8）为了提高系统的灵敏度，可先减小可变衰减器的衰减量，使调谐电表指示值尽可能大。然后调节魔 T 两支臂所接的样品谐振腔上的活塞和单螺调配器，使调谐电表指示值尽可能向小的方向变化。若调谐电表指示值太小，则可调节灵敏度旋钮提高灵敏度，使其指示值增大。

（9）按下"扫场"按钮。此时，调谐电表指示值为扫场电流的对应值，调节"扫场"旋钮可改变扫场电流。

（10）顺时针调节磁场电流，当电流达到 1.7～1.9 A 时，示波器上即可出现如图 14-6（a）和（b）所示的电子共振信号。

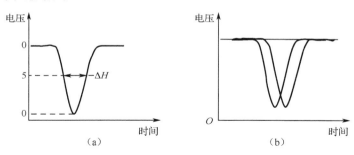

图 14-6　共振波形示意图

（11）若共振波形峰值较小或示波器图形显示欠佳，则可采用下列三种方法进行调整。

① 将可变衰减器的旋钮逆时针旋转，减小衰减量，增大微波功率。

② 顺时针调节"扫场"旋钮，增大扫场电流。

③ 提高示波器的灵敏度。

（12）若共振波形左右不对称，则调节单螺调配器的螺钉插入深度和位置，或者改变样品在磁场中的位置，微调样品谐振腔，直到得到满意的共振波形为止。

（13）若两个共振波形幅度不一致，则可调节样品在磁场中的位置，直到得到满意的共振波形为止。

（14）调节"调相"旋钮可使双共振峰处于合适的位置。

（15）朗德因子 g 的测定：读取磁共振实验仪显示的电流值，根据磁共振实验仪输出电流与磁场强度的关系曲线，确定共振时的磁场强度，根据实验时测定的频率，代入电子自旋共振条件的公式，即

$$h \cdot f = g \cdot \mu_{\mathrm{B}} \cdot H_0$$

式中，h 为普朗克常量；f 为工作频率，单位为赫兹；μ_{B} 为玻尔磁子；g 为朗德因子；H_0 为共振磁场。

按下"扫场"按钮。此时，调谐电表指示值为扫场电流的对应值，调节"扫场"旋钮可改变扫场电流。

将普朗克常量 h 和玻尔磁子 μ_{B} 代入上式后得

$$f \approx 1.4 \times 10^6 g H_0$$

14.6　思考与讨论

（1）磁场对电子自旋共振有无影响？

（2）可否用电子自旋共振方法测量地磁场？

（3）为什么被测样品一定要放在微波磁场最强、最均匀且直流磁场与微波磁场垂直的位置？

第15章　光磁共振

一般的磁共振技术无法对气态样品进行观测，因为气态样品浓度比固态或液态样品低几个数量级，共振信号非常微弱。光磁共振是把光抽运、磁共振和光探测技术有机地结合起来，以研究气态原子精细结构和超精细结构的一种实验技术，它是由法国物理学家卡斯特勒（A. Kastler）在 20 世纪 50 年代初提出的。卡斯特勒曾因发现和发展光学方法用于研究原子钟的赫兹共振而于 1966 年荣获诺贝尔物理学奖。由于他的工作为激光的发现打下了基础，所以他被誉为"激光之父"。光磁共振体现了卡斯特勒的物理思想，对基础研究和应用均有重要意义，是近代物理实验课中很好的训练题材。

15.1　实验背景

1920 年，卡斯特勒进入法国巴黎高等师范学院学习。当时旧量子论已经确立，量子力学还未诞生。作为大一学生，卡斯特勒对布洛赫（E. Bloch）教授教他的量子物理知识印象很深，布洛赫极力推荐他阅读索末菲（A. Sommerfeld）的著作《原子结构和光谱线》，这本书使卡斯特勒对电磁辐射和原子相互作用应用于角动量原理特别感兴趣。他注意到鲁宾诺威兹（A. Rubinowicz）已经用角动量守恒来说明塞曼效应中磁量子数的选择定则和偏振光。

20 世纪初就有了圆偏振波能够输运角动量的概念，后来又有了左旋圆偏振光、右旋圆偏振光光子分别具有角动量 $\hbar$ 和 $-\hbar$ 的结论。考虑到角动量守恒是普遍适用的定律，在光谱研究中如何应用角动量守恒这个问题铭刻在卡斯特勒的心上。大学毕业后卡斯特勒在中学工作了 5 年，随后在 1931 年被波尔多大学的道利（P. Daure）教授邀请到波尔多大学的研究院工作。期间他主要从事荧光现象和拉曼光谱学的研究，系统地检验光散射和荧光过程中角动量守恒的结论。1936 年他以题为《关于汞原子逐步受激》的研究论文获得博士学位。随后他在克莱蒙费朗大学任教两年，1938 年回到波尔多大学任教，1941 年转回高等师范学校任教，并指导实验室工作。

光谱学的研究提供了大量有关原子、分子结构的数据，但受仪器分辨率和谱线宽度的限制，在研究原子的细微结构和变化上遇到了困难。20 世纪 40 年代，射频和微波波谱技术迅速发展。由于射频和微波光子的能量比光频光子的能量小得多，因此可直接观测原子的精细和超精细塞曼子能级间的共振跃迁。卡斯特勒把这种等于光频千分之一以下的微波称为赫兹波，相应地把微波或射频共振称为赫兹共振。磁共振实验一般是在凝聚物质粒子处于热平衡分布下进行的，激发态的磁共振工作尚未开展。1947 年，兰姆（W. E. Lamb）和卢瑟福（R. C. Rutherford）用波谱学方法测定氢光谱双线结构以后，美国磁学家比特（F. Bitter）于 1949 年建议，可以把射频波谱技术扩展到原子激发态的研究中。

卡斯特勒对此非常感兴趣，便派他的学生布洛塞尔（J. Brossel）去美国，在比特的指导下进行工作。但英国的普赖斯（M. H. L. Pryce）指出，比特的实验方法有问题。布洛塞尔与卡斯特勒研究后认为，在恒定磁场作用下，可采用偏振获得激发态塞曼子能级的选择激发。

这就是布洛塞尔-卡斯特勒的光磁双共振法的实验设想。

布洛塞尔按照这个方案与比特一起做了这个实验，并于 1950 年首次取得成功，这是一个成功的光磁共振实验。

1950 年，卡斯特勒提出用 σ 圆偏振光激发原子，能使原子的角动量变化，从而集中在基态的正 m 子能级或负 m 子能级上。他把这种能产生或增大塞曼子能级之间的粒子数差的方法称为光抽运。更普遍地说，光抽运是用光照射原子或离子，使其能级的粒子数分布发生重大改变的方法。

布洛塞尔回到巴黎后，便与卡斯特勒、温特（J. M. Winter）一起进行试验研究，他们认为光抽运能够引起原子基态塞曼能级的不等分布，使原子处于极化取向，但布洛塞尔和比特的汞蒸气激发态试验未能探测原子的任何定向。卡斯特勒认为，试验成功与否取决于弛豫过程的速度，若弛豫过程太快，则只能观察到很微弱的光抽运效应。直到 1955 年卡斯特勒等对一个充有氢气的钠样品泡做试验时，惊奇地发现它具有大得多的光抽运效应。

光磁共振实验表明，每种原子的结构都独具个性。量子力学的研究结果表明，磁场中的原子会表现出精细结构和超精细结构。由于可见光的电磁波频率很高，对如此精细的结构特点无法探测，而微波及射频电磁波频率与精细能级之间的共振频率相近，所以自然也就成为探测原子精细结构和超精细结构的有效工具。

那么如何操作呢？先利用特定光在磁场中将原子激发，再施加射频电磁波，当电磁波的频率取值合理时，便会使原子跃迁到精细能级。此时可以发现，那些自发辐射出来的光，其偏振状态和强度都发生了变化，这样便能测出精细能级的共振频率，从而得到外部磁场的信息。卡斯特勒这种光磁双共振法很实用。由于弱磁场反映物质的分布，所以对弱磁场的测量在军事、地质、航空等领域都至关重要。另外，原子超精细能级跃迁频率不受外部磁场的影响，后人以这样的频率为基准，制出了精度极高的原子钟。美国的 GPS 导航卫星上就放置着铷原子钟，可以对全球进行授时。卡斯特勒等发明的光抽运技术是产生激光的重要技术手段，我们能使用手机娱乐就离不开激光在芯片技术中的应用。我们在享受着科技带来的便利时，也许不会想起几十年前在实验室埋头苦干的卡斯特勒，但不可否认，他的才智与努力确实使我们的生活变得更加美好。

15.2　实验目的

（1）掌握光抽运-磁共振的原理和实验方法。

（2）研究原子超精细结构塞曼子能级间的磁共振。

（3）测定铷的同位素 ^{87}Rb 和 ^{85}Rb 的 g_F 因子。

（4）测定地磁场。

15.3　实验原理

光抽运（或称光泵）是 20 世纪 50 年代由法国巴黎高等师范学院的卡斯特勒等发明的一种新型的实验技术。该技术巧妙地将光抽运、磁共振和光探测技术结合起来，以研究气态原子的精细结构和超精细结构，克服了用普通的方法对气态样品进行观测磁共振信号非常微弱的困难。采用这种技术可以使磁共振分辨率提高到 10^{-11} T。本实验以天然铷（Rb）为样品，研究碱金属铷原子的基态双共振。

15.3.1 铷原子能级的超精细结构和塞曼分裂

原子能级的超精细结构是由于原子的核磁矩和电子磁矩的耦合作用形成的。当原子处于弱磁场 B 中时，原子的总磁矩和磁场发生作用而造成能级的分裂，从而形成等间矩的塞曼能级，其能量为

$$E = -\mu_F \cdot B = g_F m_F \mu_B B$$
$$m_F = F, F-1, \cdots, -F \tag{15-1}$$

$$g_F = g_J \frac{F(F+1) + J(J+1) - I(I+1)}{2F(F+1)}$$

$$g_J = 1 + \frac{J(J+1) - L(L+1) + S(S+1)}{2J(J+1)} \tag{15-2}$$

$$F = I+J, I+J-1, \cdots, |I-J|$$
$$J = L+S, L+S-1, \cdots, |L-S|$$

式中，F 为原子的总量子数；I 表示核自旋；S 为电子自旋量子数；L 为电子轨道量子数；J 为 L-S 耦合量子数。相邻能级的能量差为

$$\Delta E = g_F \mu_F B \tag{15-3}$$

铷原子的基态为 $5^2S_{1/2}$，即 $L=0$，$S=1/2$，最低激发态为 $5^2P_{1/2}$ 和 $5^2P_{3/2}$ 双重态，即 $L=0$，$S=1/2$，J 分别等于 1/2 和 3/2。$5^2P_{1/2}$ 到 $5^2S_{1/2}$ 的跃迁产生 794.8 nm 的 D1 线，$5^2P_{3/2}$ 到 $5^2S_{1/2}$ 的跃迁产生 780 nm 的 D2 线。

铷的两种同位素 ^{87}Rb 和 ^{85}Rb 的核自旋 I 分别是 3/2、5/2。^{87}Rb 的吸收和自发跃迁示意图如图 15-1 所示。

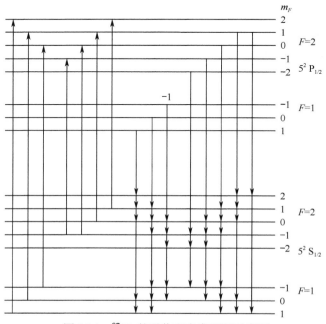

图 15-1　^{87}Rb 的吸收和自发跃迁示意图

15.3.2 光抽运效应

当以波长为 7948 Å 的 σ⁺ 共振光照射 ^{87}Rb 时，$5^2S_{1/2}$ 的原子会产生共振吸收而跃迁到 $5^2P_{1/2}$，跃迁服从 $\Delta F = 0, \pm 1$ 和 $\Delta m_F = 0, \pm 1$ 的选择定则，因为照射的是 σ⁺ 共振光，所以 Δm_F 只能为+1。因此，$5^2S_{1/2}$ 中除 $m_F = 2$ 外的各子能级的原子都以相同的概率向上跃迁到 $5^2P_{1/2}$ 的各个子能级中。因为 $m_F = 2$ 的原子未参与跃迁，所以其上的原子数目未减少。当 $5^2P_{1/2}$ 的原子发生自发或受激发射而返回 $5^2S_{1/2}$ 时，仍服从 $\Delta F = 0, \pm 1$ 和 $\Delta m_F = 0, \pm 1$ 的选择定则，$5^2S_{1/2}$ 的 $m_F = 2$ 的子能级又能得到返回的原子，经过这样一轮循环，$m_F = 2$ 的原子数量便增加了。这样持续进行下去达到一个平衡，$m_F = 2$ 的原子数量便会有显著的增加。这种现象称为样品的偏极化，这就是光抽运效应。

当光抽运效应开始时，样品会吸收波长为 7948 Å 的 σ⁺ 共振光的能量，使穿过样品的光强度减小。当达到饱和状态时，停止吸收能量，光强度增大，这样就形成了光抽运信号。

15.3.3 弛豫过程

样品在处于偏极化状态时，会由于原子之间的相互碰撞和原子与容器壁的碰撞而重新趋于热平衡状态，这个过程叫作弛豫过程。为了减小弛豫过程的影响，应增大光强度，选择合适的温度，以及在样品泡内充入惰性气体以减少铷原子之间的碰撞。

15.3.4 射频诱导跃迁——光磁共振

光抽运过程完成后，样品偏极化，光吸收停止。此时若加一个频率为 ν_1 的右旋圆偏振射频场，其能量等于塞曼子能级之间的能量差，即满足：

$$h\nu_1 = \Delta E = g_F \mu_N B \tag{15-4}$$

就会形成射频诱导跃迁，使 $m_F = 2$ 的原子跃迁到其他能级。$m_F = 2$ 的原子数量减少又导致光抽运作用的增强，从而使样品大量地吸收 σ⁺ 共振光的能量，这就是塞曼子能级之间的共振，叫作光磁共振。为了满足共振时的角动量守恒条件，所加的射频场是一个垂直于水平磁场方向的线偏振场，起作用的是其中的右旋圆偏振分量。

15.3.5 光抽运信号和光磁共振信号的探测

当发生光抽运现象和光磁共振现象时，样品吸收从铷光灯发出的光，使光束强度减小，用光电探测器可以探测到这些光信号。这些光信号比塞曼子能级之间的电子跃迁信号强 7 个或 8 个数量级。因此，利用光磁共振的方法可以研究原子的超精细结构，以及测量微弱磁场。

15.4 实验装置

本实验使用 DH807A 型光磁共振实验装置完成，该实验装置由主体单元、电源、辅助电源、射频信号发生器、示波器等组成，如图 15-2 所示。其中，主体单元由铷光灯、准直透镜 L_1、偏振片、1/4 波片、恒温槽、样品泡、水平磁场线圈、垂直磁场线圈、射频线圈、聚光镜 L_2、光电探测器等元件组成，如图 15-3 所示。铷光灯是一种高频气体放电灯，灯泡在高频磁场的激励下产生无极放电并发光，灯内温度控制在 90 ℃左右，高频磁场的频率约为 65 MHz。铷光灯发出的光通过灯口的滤光镜输出波长 $\lambda=7948$ Å 的光。经过准直透镜 L_1、偏振片和 1/4 波片后成为左旋圆偏振光。

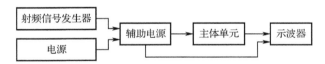

图 15-2　DH807A 型光磁共振实验装置的组成框图

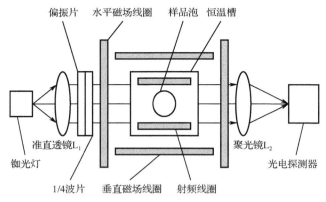

图 15-3　DH807A 型光磁共振实验装置主体单元的原理图

样品泡放置在恒温槽内，其温度保持在 55 ℃左右，并且处于水平磁场线圈和垂直磁场线圈的中央。这两组线圈都是亥姆霍兹线圈，其中央部位是均匀磁场。

另外，样品泡外还有射频线圈。当左旋圆偏振光通过样品泡时，其能量被其中的铷原子吸收而产生光泵效应，并形成粒子数反转。这时再加上频率适当的射频信号，就会产生光磁共振现象。

如果使外磁场进行周期性的变化，则可以使光磁共振现象周期性地出现。当产生共振时，样品从左旋圆偏振光中吸收能量，从而使偏振光的强度减小，用光电探测器可以探测到这些光信号。这些光信号比原始的电子跃迁信号强 7 个或 8 个数量级，从而使人们可以研究原子塞曼子能级的超精细结构。

辅助电源用于给铷光灯、光电探测器、垂直磁场、水平磁场和扫场提供电源。

示波器用于显示光电探测器探测到的光信号。

15.5　实验内容

（1）观察抽运信号。使水平磁场与水平地磁场反向，扫场方向任意，先调节水平磁场的电流，若每周期的信号高度完全相同，则说明零点已调到位，如图 15-4 所示。然后调节垂直磁场电流，使抽运信号最强，这时垂直地磁场已被完全抵消。将此时的垂直磁场电流读数代入式（15-1），即可求得垂直地磁场。

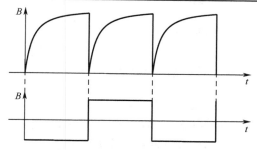

图 15-4　光抽运信号和矩形扫场波形

（2）搜索共振信号。使水平磁场、水平地磁场、扫场都同向，先将射频信号频率调到最大，此时应无抽运信号和共振信号。然后慢慢降低射频信号频率，直至出现一个向下的尖峰，此即共振信号，第一个共振信号一定是 ^{87}Rb 的，在该信号频率的 2/3 处可以找到 ^{85}Rb 的共振信号，如图 15-5 所示。注意，此时共振信号和抽运信号混杂，应能够区分这两种信号。测量这两种信号的频率，计算其比值。

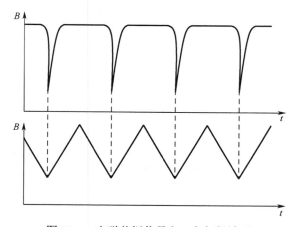

图 15-5　光磁共振信号和三角扫场波形

（3）用反向法测量水平磁场的共振频率，并据此计算 ^{87}Rb 和 ^{85}Rb 的 g_F 值。方法是先使三个磁场都同向，再将水平磁场反向，测出两次的共振频率 ν_1 和 ν_2，则有

$$\nu = \frac{\nu_1 - \nu_2}{2} \tag{15-5}$$

然后根据水平磁场的电流计算出水平磁场强度，即

$$B_{\parallel} = \frac{16\pi}{5^{3/2}} \frac{N_{\parallel} I_{\parallel}}{r_{\parallel}} \times 10^{-7} \ (\text{T}) \tag{15-6}$$

于是可得

$$g_F = \frac{h\nu}{\mu_N B_{\parallel}} = \frac{h\nu}{\mu_N \frac{16\pi}{5^{3/2}} \frac{N_{\parallel} I_{\parallel}}{r_{\parallel}}} = \frac{5^{3/2} h\nu}{16\pi\mu_N} \frac{r_{\parallel}}{N_{\parallel} I_{\parallel}} \tag{15-7}$$

$$\approx 0.222426 \times 10^{-7} \frac{h\nu}{\mu_N} \frac{r_{\parallel}}{N_{\parallel} I_{\parallel}}$$

在式（15-7）中代入各常数后可得

22004 机：$g_F = 279.68 \dfrac{\nu_\parallel \, (\text{MHz})}{I_\parallel \, (\text{A})}$ 　　　　　　　　　（15-8）

22005 机：$g_F = 281.32 \dfrac{\nu_\parallel \, (\text{MHz})}{I_\parallel \, (\text{A})}$ 　　　　　　　　　（15-9）

注意：水平磁场的电流应取读数的 1/2。

（4）用增量法计算水平磁场的共振频率 ν [（3）和（4）选做一个]。

使水平磁场、水平地磁场、扫场都同向。利用 $h\Delta\nu = g_F \mu_N \Delta B$ 可得

$$
\begin{aligned}
g_F &= \frac{h\Delta\nu}{\mu_N \Delta B} = \frac{h\Delta\nu}{\mu_N}\left(\frac{16\pi}{5^{3/2}}\frac{N_\parallel \Delta I_\parallel}{r_\parallel}\times 10^{-7}\right)^{-1} \\
&= \frac{h(\nu_{i+1}-\nu_i)}{\mu_N}\left(\frac{16\pi}{5^{3/2}}\frac{N_\parallel (I_{i+1}-I_i)}{r_\parallel}\times 10^{-7}\right)^{-1}
\end{aligned}
$$
（15-10）

在式（15-10）中代入各常数后可得

22004 机：$g_{Fi} = 279.68 \dfrac{\nu_{i+1}-\nu_i}{I_{i+1}-I_i}$ 　　　　　　　（15-11）

22005 机：$g_{Fi} = 281.32 \dfrac{\nu_{i+1}-\nu_i}{I_{i+1}-I_i}$ 　　　　　　　（15-12）

通过改变水平磁场的电流，先测出对应不同 I_i 值的频率值 ν_i，计算出一系列的 g_F，然后求其平均值，得到最后的结果。用增量法可以求得更多的数据，结果更准确。

注意：水平磁场的电流应取读数的 1/2。

（5）测量水平地磁场的共振频率，并计算水平地磁场的强度。方法是先使三个磁场都同向，再使水平磁场和扫场反向，测出两次的共振频率 $\nu_1 - \nu_2$，则有

$$\nu_{d\parallel} = \frac{\nu_1 - \nu_2}{2}$$
（15-13）

然后计算水平地磁场的强度，即

$$B_{d\parallel} = \frac{h\nu_{d\parallel}}{g_F \mu_N}$$
（15-14）

$\nu_{d\parallel}$ 的测量也应采用先改变水平磁场电流取得一系列值，然后取平均值的方法。垂直地磁场强度根据垂直磁场与垂直地磁场平衡时垂直磁场的电流，用式（15-15）计算：

$$B_{d\perp} = \frac{16\pi}{5^{3/2}}\frac{N_\perp I_\perp}{r_\perp}\times 10^{-7}\ (\text{T})$$
（15-15）

地磁场强度为

$$B_d = \sqrt{B_{d\parallel} + B_{d\perp}}$$
（15-16）

（6）基本公式为

$$B = \frac{16\pi}{5^{3/2}}\frac{NI}{r}\times 10^{-7}\ (\text{T})$$
（15-17）

$$h\nu = g_F \mu_N B$$
（15-18）

光磁共振实验装置的技术参数如表 15-1 所示。

表 15-1　光磁共振实验装置的技术参数

型　　号	参　　数	水平磁场线圈	扫 场 线 圈	垂直磁场线圈
22004	N	250	250	100
	r	0.2396	0.2420	0.1530
24005	N	250	250	100
	r	0.2410	0.2420	0.1530

15.6　思考与讨论

（1）如何确定水平磁场和扫场直流分量方向与水平地磁场的关系，以及垂直磁场与垂直地磁场的关系？

（2）如何区分磁共振信号和光抽运信号？

（3）如何区分 ^{85}Rb 和 ^{87}Rb 的磁共振信号？

（4）本实验的磁共振对 ^{85}Rb 和 ^{87}Rb 各发生在哪些子能级间？

第16章　微波实验

微波技术是近代发展起来的一门尖端科学技术，几十年来，微波技术已经发展成一门比较成熟的学科，被应用到各个领域。在国防方面，微波技术的应用有雷达、导弹、导航、电子战和军用通信等；在国民经济方面，微波技术的应用有多路通信、微波遥感和微波能应用（如肿瘤微波热疗、微波手术刀及微波炉等）；在科学研究方面，微波技术的应用有天文、气象、物质结构、量子放大器和分子钟等。微波技术已成为人们日常生活和尖端科学发展不可缺少的一门现代技术，具有其他方法和技术无法取代的特殊功能。

微波为波长在 0.1 mm 到 1 m 之间的电磁波，它与大家熟悉的工业用的长波、无线电广播中的中波和短波相比，波长更短、频率更高。微波通常被划分为米波、分米波、厘米波、毫米波和亚毫米波五个波段，相应的频率为 300 MHz 到 3000 GHz。本实验中所用的微波系统为 3 cm 的微波系统，其中心波长为 3.2 cm，频率为 9.375 GHz。

从上述频率范围可以看出，微波的频率范围是处于可见光和广播电视所采用的无线电波之间的，因此它既兼具这两者的性质，又有别于这两者。与无线电波相比，微波有波长短、周期短、频率高、量子特性等特性。微波自身的特点，不论在处理问题时运用的概念和方法上，还是在实际应用微波系统的原理和结构上，都与低频电路不同。微波技术在国防、工业、农业、通信和科研等方面有着广泛的应用，是近代发展起来的一门尖端科学技术。

16.1　实验背景

微波的发展与无线电通信的发展是分不开的。1885 年，赫兹（H. Hertz）到德国 Karlsruher 高等工业学校任物理学教授，并从事电磁波方面的实验研究，以确定麦克斯韦（Maxwell）理论的正确性。1888 年至 1889 年，赫兹在德文科学期刊上发表了三篇论文，提到了米波段和分米波段。另外，他还发明了抛物反射面天线。1901 年，马克尼使用 800 kHz 中波信号进行了从英国到纽芬兰的世界上第一次跨大西洋的无线电波的通信实验，开创了人类无线电通信的新纪元。在无线电通信初期，人们使用长波及中波进行通信。19 世纪末，物理学家解决了微波的传输工具问题。1893 年，J. Thomson 预言了圆波导，并给出了有限导电壁波导的初步理论。1897 年，L. Rayleigh 更全面地分析了未来的矩形波导和圆波导的理论基础。1910 年，D. Hondros 和 P. Debye 给出了用介质圆柱导波的原理，对此，1916 年 H. Zahn 和 1920 年 Schriever 分别发表了相关的实验论文。1931 年，美国贝尔实验室的 G. C. Southworth 仔细观察了水槽中的波，思考了导波的问题；1933 年，在美国有波长为 15 cm 的信号源可用时，他加紧了实验波导线的建设；1936 年 3 月，他宣布波导传输实验成功。1938 年 2 月 1 日，美国 IRE（Institute of Radio Engineers，无线电工程师协会）举行了关于波导的学术报告会，演示了 4 种重要的模式；2 月 2 日，举行了喇叭天线的报告和演示会，自此微波成为热门的话题。1938 年，美籍华人朱兰成发表了名为《椭圆形中空金属管子里的电磁波》的论文。如今，椭圆波导已广泛应用在微波中继站、卫星地球站等领域。

1938 年，美国斯坦福大学的 W. W. Hansen 提出了关于谐振腔的想法，并发明了双腔速调管，解决了在厘米波段产生小功率振荡的问题。

1921 年，A. W. Hull 最早对磁控管进行了研究。随后德国和捷克也有人加入研究。1936 年，日本的 Cobe 研制了磁控管，能产生的最短波长是 6 cm。1940 年 7 月，英国伯明翰大学的 J. T. Randall 和 A. H. Boot 发明了多腔磁控管，并在美国做了全面测试，证明正是磁控管打开了通往厘米波、大功率的道路。

1940 年初夏，S. Bush 写信给罗斯福总统，建议成立专门机构研制战争中急需的雷达。很快美国成立了辐射实验室，全力进行雷达研制。当时英国达到的水平是在 10 cm 波长上产生 10 kW 的脉冲功率，辐射实验室后来将波长降到 1 cm，将脉冲功率升到 400 kW。当然雷达的研制需要各个领域的通力合作。20 世纪 40 年代初，厘米波脉冲雷达在美国诞生。

雷达的原意是无线电侦察与测距，开始时不是采用的微波。第二次世界大战初期，英国的海岸雷达站使用的波长为 12 cm，许多站联合组成低空搜索网。这种系统有两大缺点：一是误差大，它曾把入侵德机的数目多报了三倍；二是天线尺寸太大，使雷达站易受攻击。

1939 年秋，德国装备了一种波长为 2.4 m 的雷达，可执行搜索海、空目标的任务。1940 年，德国给部队装备了分米波（0.53 m）雷达，其电波集束性好，可以指挥高炮射击，曾指挥击落过在云层上飞行的英国飞机。此外，还可以引导夜航战斗机。英国于 1942 年开始生产厘米波机载雷达，这种雷达可将地面情形清晰地显示在飞机机舱中的荧光屏上。

第二次世界大战的爆发使雷达的应用遍及陆、海、空领域，极大地刺激和推动了微波工业的发展。仅就美国而言，到 1945 年，微波雷达行业的市场规模已超过第二次世界大战前的汽车行业。

自此，微波技术展现出巨大的应用价值，非常活跃且富有生命力。微波技术的应用过程大致如下。

（1）雷达的诞生与成熟（1939—1945 年）。

（2）射电天文学大发展（1946—1971 年）。

（3）卫星通信及卫星广播的建立与普及（1964 年至今）。

（4）微波波谱学与量子电子学的巨大进步（1944 年至今）。

（5）微波能利用及微波医学的发展（1947 年至今）。

16.1.1　微波的特性

1. 波长短

微波具有直线传播的特性，利用这个特性，可以在微波段制成方向性极好的天线系统，用来接收地面和宇宙空间各种物体反射回来的微弱信号，从而确定物体的方位和距离，为微波在雷达定位、导航等领域的应用提供基础。

2. 频率高

微波的电磁振荡周期很短（为 $10^{-12} \sim 10^{-9}$ s），可以和电子管中电子在电极间的飞跃时间（约 10^{-9} s）比拟，甚至更小，因此普通电子管不能再用在微波器件（振荡器、放大器和检波器）中，而必须用原理完全不同的微波电子管（速调管、磁控管和行波管等）、微波固体器件和量子器件来代替。另外，微波传输线、微波元件和微波测量设备的线度与波长具有相近的数量级，在导体中传播时趋肤效应和辐射变得十分严重，一般无线电元件，如电阻、电容、电感等都不再适用，也必须用原理完全不同的微波元件（波导、波导元件、谐振腔等）来代替。

3. 量子特性

在微波段，电磁波每个量子的能量范围为 $10^{-6}\sim 10^{-3}$ eV，而许多原子和分子发射及吸收的电磁波的波长也正好处于微波段。人们利用这一特性来研究分子和原子的结构，发展了微波波谱学和量子电子学等尖端学科，并研制出了低噪声的量子放大器和精准的分子钟、原子钟。

4. 似光性

微波的波长非常短，当微波照射到某些物体上时，将产生显著的反射和折射现象，同时微波的传播特点也和几何光学相似，即具有似光性。

5. 穿透性

微波照射到物体上时能进入物体内部的特性称为穿透性。微波是能穿透电离层的电磁波（光波除外）。

6. 信息性

微波段的信息容量非常大，即使是很小的相对带宽，其可用的频带也是很宽的，可达数百兆赫甚至上千兆赫。

7. 非电离性

由于微波的量子能量不够大，不会改变物质分子的内部结构或破坏其分子的化学键，所以微波和物体之间的作用是非电离的。

16.1.2　微波技术的应用

1. 微波武器

微波武器是利用高功率微波束毁坏对方电子设备和杀伤作战人员的一种定向能武器。目前西方国家研制的微波武器主要分为两大类：一类是高功率微波束武器，另一类是微波炸弹。高功率微波束武器由能源系统、高功率微波系统和高增益定向天线组成，主要功能是将高功率微波系统产生的微波经高增益定向天线向空间发射出去，形成功率高、能量集中且具有方向性的微波射束，是一种杀伤破坏性武器。这类武器全天候作战能力强，有效作用距离远，可同时杀伤几个目标。微波炸弹一般是在炸弹或导弹战斗部加装电磁脉冲发生器和辐射天线制成的，主要利用炸药爆炸压缩磁通量的方法产生高功率电磁脉冲，覆盖面状目标，在目标的电子线路中产生感应电压与电流，以击穿或烧毁其中的敏感元件，使其电子系统失效、中断或损坏。因此，微波武器被认为是现代武器电子设备的克星。有人说，核武器是 20 世纪杀伤力最大的武器，而微波武器则是人类兵器研究的最大突破，在 21 世纪它的地位可能仅次于 20 世纪的核武器。

2．天体物理和射电天文研究

以微波为主要观测手段的射电天文学的迅速发展扩大了天文观察的视野，促进了天体物理的研究。20 世纪 60 年代天文学的四大发现——类星体、中子星、微波背景辐射和星际分子，都是以微波为主要观测手段发现的。其中，微波背景辐射是 20 世纪天文学的一项重大发现，其发现者于 1978 年荣获诺贝尔物理学奖。

3．微波电谱和磁谱

微波电谱和磁谱是指介质的介电常数和磁导率与外加微波场频率的关系，微波电谱和磁谱不仅是判断介质材料性能的重要依据，还在基础研究中具有特殊的意义，如微波吸收材料、通过微波遥感获得遥感信息等都与微波电谱和磁谱有关。

16.2　实验目的

（1）了解微波系统中各种常用设备的结构、原理及使用方法。
（2）研究微波在波导中的传输情况，并以微波为主要观测手段观测物理现象。
（3）掌握微波系统中频率、波导波长、驻波比和功率等基本量的测量方法。

16.3　实验原理

16.3.1　电磁波的基本关系

描述电磁场的基本方程是

$$\begin{cases} \nabla \cdot \boldsymbol{D} = \rho \\ \nabla \cdot \boldsymbol{B} = 0 \\ \nabla \times \boldsymbol{E} = -\dfrac{\partial \boldsymbol{B}}{\partial t} \\ \nabla \times \boldsymbol{H} = \boldsymbol{j} + \dfrac{\partial \boldsymbol{D}}{\partial t} \end{cases} \quad (16\text{-}1)$$

$$\begin{cases} \boldsymbol{D} = \varepsilon \boldsymbol{E} \\ \boldsymbol{B} = \mu \boldsymbol{H} \\ \boldsymbol{j} = \sigma \boldsymbol{E} \end{cases} \quad (16\text{-}2)$$

式（16-1）称为麦克斯韦方程组，式（16-2）描述了介质的性质对电磁场的影响。

对于导体和空气的界面，由上述关系可以得到边界条件：

$$\begin{cases} \boldsymbol{E}_1 = \boldsymbol{0}, & E_n = \sigma / \varepsilon_0 \\ \boldsymbol{B}\boldsymbol{H}_1 = \boldsymbol{i}, & H_n = 0 \end{cases} \quad (16\text{-}3)$$

式（16-3）表明，在导体附近，电场必须垂直于导体表面，磁场应当平行于导体表面。

16.3.2　微波传输线

理论与实践证明，微波可以在空心金属管中传播。这种空心的金属导管统称为波导，波导的横截面可以是任意形状的，但经常使用的是矩形波导和圆形波导。

1. 矩形波导中微波的传播

矩形波导是传输微波最常用的传输线。为了减小表面电阻，矩形波导通常采用黄铜或紫铜制成，表面再镀上银。波导的宽边为 x 轴方向，内宽度用 a 表示，波导的窄边为 y 轴方向，内宽度用 b 表示，电磁波沿 z 轴方向传播，如图 16-1 所示。一般将 x 轴、y 轴方向称为横向，将 z 轴方向称为纵向，a 与 b 的数值通常取 $a \approx 0.7\lambda$，$b \approx (0.3 \sim 0.35)\lambda$。对于 3 cm 波导系统，其矩形波导尺寸为 $a \times b = 22.86 \text{ mm} \times 10.6 \text{ mm}$。

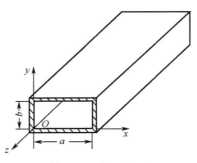

图 16-1　矩形波导

理论分析证明，在波导中不可能传播横电磁波。按照电磁波的基本方程和边界条件，在波导中能够传播的电磁波可归纳为两大类：横电波和横磁波。

（1）横电波（TE 波），或称磁波，其特征是 $E_z = 0$ 而 $H_z \neq 0$，即电场是纯横向的，而磁场具有纵向分量。

（2）横磁波（TM 波），或称电波，其特征是 $H_z = 0$ 而 $E_z \neq 0$，即磁场是纯横向的，而电场具有纵向分量。

波导中可以传输多种模式的 TE_{mn} 波和 TM_{mn} 波（其中，m 代表电场或磁场在 x 轴方向半周变化次数，n 代表电场或磁场在 y 轴方向半周变化次数）。在实际应用中，总是把波导设计成只能传输单一波形的形式。我们使用的标准矩形波导只能传输 TE_{10} 波。

2. 矩形波导中的 TE_{10} 波

TE_{10} 波是波导中最常用的传输模式。如果在开口端输入角频率为 ω 的电磁波，使它沿 z 轴方向传播，则波导内的电磁场分布由麦克斯韦方程组和边界条件决定。矩形波导中 TE_{10} 波的传播如图 16-2 所示。

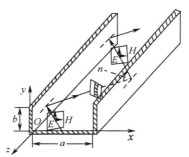

图 16-2　矩形波导中 TE_{10} 波的传播

由式（16-1）和式（16-2）可以解得无损耗、均匀、无限长的 3 cm 波导中 TE_{10} 波的电场分量和磁场分量：

$$\begin{cases} E_x = E_z = 0 \\ E_y = E_0 \sin\dfrac{\pi x}{a} e^{i(\omega t - \beta z)} \\ H_x = -\dfrac{\beta}{\omega\mu} E_0 \sin\dfrac{\pi x}{a} e^{i(\omega t - \beta z)} \\ H_y = 0 \\ H_z = i\dfrac{\pi}{\omega a\mu} E_0 \sin\dfrac{\pi x}{a} e^{i(\omega t - \beta z)} \end{cases} \quad (16\text{-}4)$$

式中，β 为相位常数，$\beta = 2\pi/\lambda_g$；λ_g 为波导波长，$\lambda_g = \lambda/\sqrt{1-(\lambda/\lambda_c)^2}$；$\lambda_c$ 为临界波长，$\lambda_c = 2a$（a 为波导截面宽边的长度）；λ 为自由空间波长，$\lambda = c/f$。

（1）TE_{10} 波的电场结构特点。

TE_{10} 波的电场 E 只有 E_y 分量，其与 xOz 平面正交，如图 16-3 所示。在 xOy 平面内 $E_y = E_0 \sin\dfrac{\pi x}{a}$，说明电场强度只与 x 有关，且按正弦规律变化。在 $x=0$ 及 $x=a$ 处，$E_y = 0$；在 $x = a/2$ 处，$E_y = E_{\max}$。

由于能量是沿 z 轴方向传播的，所以 E_y 将沿 z 轴方向呈行波状态，并且在 $x = a/2$ 的纵剖面内，E_y 沿 z 轴方向也是按正弦规律变化的。

（2）TE_{10} 波的磁场结构特点。

TE_{10} 波的磁场 H 只有 H_x 及 H_z 分量，其分布在 xOz 平面内，如图 16-3 所示。由于 E_y 和 H_x 决定着沿 z 轴方向传播能量，因此要求 E_y 与 H_x 同相，即沿 z 轴方向，在 E_y 最大时，H_x 也最大。沿 x 轴方向，H_x 按正弦规律变化且与 E_y 同相，所以其在横截面和纵剖面的分布也与 E_y 相同。

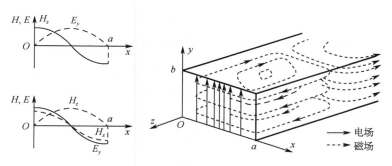

图 16-3　TE_{10} 波的场分布

在讨论 H_z 的分布时，必须注意到在 $z=0$ 的截面上，H_z 沿 x 轴方向按余弦规律变化，在 $x=0$ 及 $x=a$ 处，H_z 有最大值；在 $x=a/2$ 处，$H_z = 0$。应当注意到，电场和磁场的分布情况将随着时间变化以一定的速度沿 z 轴方向在波导中向前移动。

由正面分析可以看出 TE_{10} 波的含义，"TE"表明电场没有纵向分量，即 $E_z = 0$。TE_{10} 的第一个下标"1"表明电场沿波导的宽边方向有 1 个最大数；第二个下标"0"表明磁场沿波导窄边方向没有变化，分布均匀。

3. 反射系数 r、驻波比 S 及波导工作状态

在均匀的、无限长的波导中，TE_{10} 波的传播情况是，波导中只有沿 z 轴方向传播的波，没有反射波，即波导中传播的是行波，电场分量 E_y 为

$$E_y = E_0 \sin\frac{\pi x}{a} e^{-i\beta z} e^{i\omega t} \qquad (16\text{-}5)$$

以 $x = a/2$ 为参考面研究电磁波沿 z 轴方向的传播情况，并略去 $e^{i\omega t}$ 因子（因为我们只讨论在某一时刻电磁场的分布，所以测量值也是随时间变化的平均值），则有

$$E_y = E_0 e^{-i\beta z} \qquad (16\text{-}6)$$

如果波导不是均匀和无限长的，则一般情况下在波导中存在入射波和反射波，电场由入射波和反射波叠加而成，即

$$E_y = E_i e^{-i\beta z} + E_r e^{i\omega t} \qquad (16\text{-}7)$$

式中，E_i、E_r 分别是电场入射波和电场反射波的振幅。如果我们把距离 l 改为从终端算起，而不是从信号源算起，则式（16-7）变为

$$E_y = E_i e^{-i\beta l} + E_r e^{-i\beta l} \qquad (16\text{-}8)$$

定义：波导中某一横截面处的电场反射波与电场入射波之比称为反射系数 r，即

$$r = \frac{\text{电场反射波}}{\text{电场入射波}} = \frac{E_r e^{-i\beta l}}{E_i e^{i\beta l}}$$

$$= \frac{E_r}{E_i} e^{-2i\beta l} = r_0 e^{-2i\beta l} \qquad (16\text{-}9)$$

式中，r_0 是终端的反射系数，$r_0 = \dfrac{E_r}{E_i} = |r_0| e^{i\varphi}$。用 φ 表示在终端反射波与入射波的相位差，根据 r 的定义，可以把式（16-8）写为

$$E_y = E_i e^{i\beta l}[1 + |r_0| e^{-i(2\beta l - \varphi)}] \qquad (16\text{-}10)$$

当 $2\beta l - \varphi = 2n\pi$ 时，驻波电场达到最大值（波腹），即

$$|E_y|_{\max} = |E_i|(1 + |r_0|) \qquad (16\text{-}11)$$

当 $2\beta l - \varphi = (2n+1)\pi$ 时，驻波电场达到最小值（波节），即

$$|E_y|_{\min} = |E_i|(1 - |r_0|) \qquad (16\text{-}12)$$

定义：波导中驻波电场最大值与驻波电场最小值之比称为驻波比 S，即

$$S = \frac{|E_y|_{\max}}{|E_y|_{\min}} \qquad (16\text{-}13)$$

式（16-13）亦可写为

$$S = \frac{1 + |r_0|}{1 - |r_0|} \qquad (16\text{-}14)$$

因此，也可用驻波比 S 来表示反射系数 $|r_0|$。由式（16-13）与式（16-14）可以看出，$S > 1$，$|r_0| \leqslant 1$。

当微波功率全部被终端负载吸收（这种负载称为匹配负载）时，波导中不存在反射波，即 $|r_0|=0$，$S=1$，此时波导中呈现的是行波，如图 16-4（a）所示。此时 $|E_y|=|E_i|$，这种状态称为匹配状态。

当波导终端是理想导体（又称终端短路）时，波导中发生完全反射，在终端处 $E_y=E_i+E_r=0$，所以 $E_i=-E_r$，即 $r_0=-1=e^{i\pi}$（终端处电场入射波与电场反射波的相位差为 π，即相位相反），终端形成电场的波节。此时 $|r_0|=1$，$S=\infty$，$E_y=2|E_i|\sin\beta l$，波导中形成纯驻波，波的能量不能向前传播，场的分布不随时间变化移动位置，只是场的大小随位置不同而改变，如图 16-4（b）所示。由此可见，在驻波波节处，$|E_y|=0$；在驻波波腹处，$|E_y|=2|E_i|$。

由于 β 为单位长度波导的相移，可应用关系式

$$\beta=\frac{2\pi}{\lambda_g} \tag{16-15}$$

求出，因此对于驻波状态，其波腹位置应由

$$\sin\beta l=1 \tag{16-16}$$

得到，即

$$\frac{2\pi}{\lambda_g}l=\frac{\pi}{2}(2n+1) \tag{16-17}$$

$$l=\frac{\lambda_g}{4}(2n+1)，\quad n=0,1,2,\cdots \tag{16-18}$$

当 $n=0$ 时，$l=\dfrac{\lambda_g}{4}$ 为第一个波腹处；当 $n=1$ 时，$l=\dfrac{\lambda_g}{4}$ 为第二个波腹处。两个波腹间的距离为 $\dfrac{\lambda_g}{2}$。波节位置应为

$$\sin\beta l=0，\quad \frac{2\pi}{\lambda_g}l=n\pi \tag{16-19}$$

$$l=\frac{\lambda_g}{2}n，\quad n=0,1,2,\cdots \tag{16-20}$$

显然，当 $n=0$ 时，$l=0$，表示第一个波节在终端处；当 $n=1$ 时，$l=\dfrac{\lambda_g}{2}$ 为第二个节点处。两个节点间的距离也是 $\dfrac{\lambda_g}{2}$。因为驻波在波腹处变化缓慢，而在波节处变化尖锐，所以从测量精度方面来考虑，总是用确定驻波中相邻两个波节的位置来测定波导波长 λ_g。

一般情况下，波将发生部分反射，形成所谓的混合波。在此状态下，$|r_0|<1$，$S>1$，其电场强度随 l 变化的分布曲线如图 16-4（c）所示。

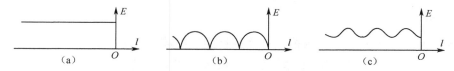

图 16-4　驻波的波腹和波节的位置

16.4　实验装置

本实验采用的实验装置为标准 3 cm 微波系统，其线路原理图如图 16-5 所示。

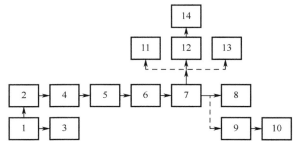

1—速调管电源；2—反射速调管；3—直流数字电压表；4—隔离器；5—波长计；6—衰减器；7—波导（内含测量线）；
8—负载；9—功率计探头；10—微瓦功率计；11—直流复射式检流计；12—前置放大器；13—选频放大器；14—示波器。

图 16-5　标准 3 cm 微波系统的线路原理图

1．波导

本实验所使用的波导型号为 BJ-100，其内腔尺寸为
$$a = 22.86 \pm 0.07 \text{（mm）}$$
$$b = 10.16 \pm 0.07 \text{（mm）}$$
其主模频率范围为 8.20～12.50 GHz，截止频率为 6.557 GHz。

2．隔离器

位于磁场中的某些铁氧体材料对于来自不同方向的电磁波有着不同的吸收能力。采用相应的器件对其进行适当的调节，可使其具有单向传播的特性，这种器件称为隔离器或单向器，如图 16-6（a）所示。隔离器的作用相当于普通电路中的二极管。

3．衰减器

衰减器利用吸收材料在波导中位置的不同来改变对电磁波吸收能力的大小，起到类似滑动变阻器的作用，如图 16-6（b）所示。

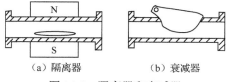

（a）隔离器　　　　　　　　（b）衰减器

图 16-6　隔离器和衰减器

4．测量线

在波导的宽边中央开有一个狭槽，金属探针经狭槽伸到波导中。由于探针与电场平行，因此电场的变化在探针上感应出的电动势经二极管检波变成电流信号输出。当探针沿波导移动时，输出信号显示出波导中电场沿传播方向的变化，从而可以求出其变化规律、驻波比和波导波长。

探针伸到波导中的深浅及探针部分内、外导体的位置均会引起探针等效阻抗的改变，从而影响波导中电磁场的分布。因此，在使用测量线之前，必须反复调节图 16-7 中的旋钮 1、2、3 和 4，使输出信号最大。

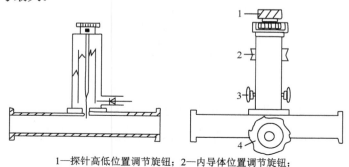

1—探针高低位置调节旋钮；2—内导体位置调节旋钮；
3—外导体位置调节旋钮；4—探针左右位置调节旋钮。

图 16-7　测量线的结构原理图

5．负载

为了测量不同负载下波导中电磁波的传播特性，本实验装置中配有三种不同的金属短路片负载。

6．微瓦功率计

本实验使用的是 GX-2A 型微瓦功率计，它由主机和探头组成。探头内装有铋锑热电偶，可将微波产生的热能转换为电能，产生温差电动势。此电动势与输入微波的功率成正比，经过校正后可直接由微瓦功率计主机表头的读数得出被测微波的功率。

16.5　实验内容

16.5.1　微波频率的测量

微波频率的测量是微波测量中最基本、最重要的内容之一。测量微波频率有两种方法：一种是直接测量法，另一种是间接测量法。

1．直接测量法

使用外差式频率计或数字微波频率计可直接测量微波频率。本实验使用谐振吸收式频率计，利用谐振腔作为谐振系统，并通过机械装置进行调谐。当微波频率与谐振腔的谐振频率相同时，输入指示器的功率最小，此时频率计上的读数即微波频率。

2．间接测量法

间接测量法一般是指先使用测量线测出微波的波导波长 λ_g，然后由公式 $\lambda_g = \sqrt{1-(\lambda/\lambda_c)^2}$ 计算出微波信号在自由空间的波长，并由此求出微波频率。

当微波系统终端接入不匹配负载时，将会产生驻波。特别是在接金属短路片负载时，将会产生纯驻波。如图 16-8 所示，使用测量线就能方便地测出驻波中相邻两个波节之间的距离 $\dfrac{\lambda_g}{2}$：

$$\frac{\lambda_{\mathrm{g}}}{2} = D_2 - D_1 \tag{16-21}$$

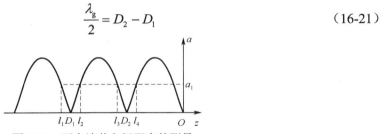

图 16-8　两个波节之间距离的测量

为了准确地找到驻波波节的位置，可以使用等电位法。所谓等电位法，是指在任意一个波节的左右两侧找出 l_1、l_2，使检流计的读数均匀，则此节点的准确位置应为 $D_1 = \dfrac{l_1 + l_2}{2}$；同理，在与 D_1 相邻的波节 D_2 的左右两侧找出 l_3、l_4，则有 $D_2 = \dfrac{l_3 + l_4}{2}$。由此可得

$$\frac{\lambda_{\mathrm{g}}}{2} = D_2 - D_1 = \frac{l_3 + l_4}{2} - \frac{l_1 + l_2}{2} \tag{16-22}$$

16.5.2　驻波比的测量

当系统阻抗与负载阻抗不匹配时，就会发生反射，反射的结果是形成驻波。驻波的状态反映了反射的大小，即匹配的好坏，前文定义的驻波比 S 是描述匹配情况的物理量。当晶体检波为平方律检波，即 $I \propto E^2$ 时，式（16-13）变为

$$S = \sqrt{\frac{I_{\max}}{I_{\min}}} \tag{16-23}$$

驻波比 S 是一个大于或等于 1 的实数，它的大小代表波导中驻波成分的大小，S 越大，驻波成分越大，行波成分越小，反之亦然。当驻波比 S 在 1.05～1.5 范围内，驻波的最大值和最小值相差不大，且不尖锐，因此要多测几个驻波波节，并取平均值。平均值可由下式计算：

$$\overline{S} = \sqrt{\frac{I_{\max 1} + I_{\max 2} + \cdots + I_{\max n}}{I_{\min 1} + I_{\min 2} + \cdots + I_{\min n}}} \tag{16-24}$$

16.5.3　微波功率的测量

微波功率的测量方法也有两种，即相对测量法和绝对测量法。

1．相对测量法

常用晶体检波器来检测微波功率或估计微波功率的相对大小。在使用晶体检波器时，调节匹配活塞和调配螺钉使微波系统尽量处于匹配状态，这时检波晶体检测到的微波功率最大。检测到的微波功率被输送到检流计或示波器显示。此方法只能测量微波功率的相对值。

2．绝对测量法——微瓦功率计

微瓦功率计由探头和主机组成。探头内装有铋锑热电偶，可将微波产生的热能转换成电能，直接由微瓦功率计主机表头读出功率值 P_{L}。

如果在终端接入探头后，不考虑传输系统的衰减，且认为微波系统基本上处于匹配状态，

则测得的功率 P_L 即信号源的输出功率 P_0。实际上，探头的输入阻抗并不可能做到完全匹配，总会有一部分功率从探头反射回来，反射回来的部分正比于探头的功率反射系数的平方 $\left|r^2\right|$，这种损耗称为反射损耗。在计入反射损耗后实际被微瓦功率计吸收的功率为

$$P_L = P_H(1 - \left|r^2\right|) \tag{16-25}$$

式中，P_L 为微瓦功率计所测得的功率；P_H 为系统终端的真正功率；r 为反射系数，$|r| = \dfrac{S-1}{S+1}$。

另外，传输系统本身会对信号源的输出功率 P_0 产生一定的衰减（损耗），这种损耗称为插入损耗。插入损耗主要是指由传输系统中的隔离器、衰减器等器件对信号源的输出功率 P_0 产生的衰减。通常，隔离器的正向衰减量为 1 dB。

因此，经传输系统衰减后，系统终端的实际功率应为

$$P_H = P_0/K \tag{16-26}$$

式中，$1/K$ 是以倍数表示的插入损耗。因此，可得到微瓦功率计所测得的功率 P_L 与信号源的输出功率 P_0 之间的关系，即

$$P_0 = \frac{K}{1 - \left|r^2\right|} P_L \tag{16-27}$$

如果衰减器在零位置，则 K 只代表隔离器的功率比，$K = 1.259$。

16.6　实验步骤

（1）用谐振吸收式频率计测量信号源的输出频率。

终端接微瓦功率计探头，从 9 GHz 开始每次改变 0.1 GHz，直到 11 GHz。

（2）测量衰减器的衰减曲线。

先将信号源的频率调至 9.37 GHz，终端仍接微瓦功率计探头，先将衰减器旋至零位置测功率 P_0，然后每次将衰减器旋转 1 圈（100 mm）测功率 P_L，由式（16-28）计算衰减量：

$$\text{衰减量} = 10 \cdot \lg \frac{P_0}{P_L} \tag{16-28}$$

并绘出衰减曲线。

（3）波导中微波传输特性的观测。

① 测绘短路负载下的 I-l 曲线。

将终端换成金属短路片。反复调节测量线上的调节旋钮（探针位置可以不动），使检流计上信号幅度最大（如为 50 分格）。移动测量线的探针位置，在整个可移动范围内逐点（检流计每次变动 5 格）测量输出电流 I 与位置 l 的关系，绘出 I-l 曲线。

② 终端接匹配负载，绘出 I-l 曲线。

③ 终端开路，绘出 I-l 曲线。

（4）基本测量。

① 用谐振吸收式频率计测量微波频率。将信号源的输出频率调至 9.37 GHz，终端接金属短路片，测 3～6 个值，取平均值。

② 间接测量微波频率。

沿测量线纵轴方向连续测 3～4 个波节位置，求 λ_g 平均值，最后求出微波频率，并与直接

测得的微波频率进行比较。

③ 测量不同负载的驻波比 S。

将系统终端分别改为接匹配负载、接喇叭天线和开路，求它们的驻波比 S。

④ 信号源输出功率的测量。

接通微瓦功率计电源，预热调零后，将微瓦功率计探头接至终端，将衰减器旋至零位置，先测出功率 P_L。再测出探头的驻波比 S，令 $K = 1.259$，由式（16-27）求出信号源的输出功率 P_0。

16.7　思考与讨论

（1）如何判断谐振吸收式频率计的指示值就是微波频率？

（2）驻波和行波有何区别？

（3）为什么波导波长 λ_g 由相邻两个波节的位置来确定，而不是由相邻两个波腹的位置来确定？

第 17 章　单光子计数

人们对光的认识逐渐深入的过程是从现象之美到理论之美的过程。本实验是为了进一步理解光和光子而设计的，期望学习者能通过本实验领略物理学之美。在经典物理学中，不管将光视为微粒还是波，都只能解释一部分现象，存在自身无法避免的弊端。在本实验中，我们将回顾对光的本性的认识发展历程，深入理解光的波粒二象性，同时学习和掌握微弱光信号的检测技术与处理方法。

17.1　实验背景

17.1.1　光的波动性与粒子性

对光的本性的认真探讨是从 17 世纪开始的。当时在经典物理学领域有两个学说并立，即光的微粒说和光的波动说。人们对光的认识逐渐深入的过程是从现象之美到理论之美的过程。我们先简单回顾一下这段历史。

以牛顿为代表的一些人提出了光的微粒理论，他们认为光是按照惯性定律沿直线传播的微粒流。这种观点直接说明了光的直线传播定律，并能对光的反射和折射做出一定的解释。人们在用光的微粒说研究光的折射定律时，得出了光在水中的传播速度比在空气中的传播速度快的错误结论。另外，这个学说也无法解释两束光相遇时相互没有影响的事实。

和牛顿同时代的惠更斯提出了光的波动理论。1690 年，惠更斯出版了《光论》一书，他指出，当光波向外辐射时，光的传播介质中的每个粒子不仅把运动传给前面的相邻粒子，还传给周围所有其他和自己接触并阻碍自己运动的粒子。因此，在每个粒子周围会产生以此粒子为中心的波。惠更斯成功地推导出光的反射定律和折射定律，并给出了介质折射率的物理含义。除此之外，他还成功地解释了冰洲石的双折射现象（假设在晶体中除原球面波外，还存在另一个椭球面波）。但是，惠更斯提出的光的波动理论也存在一些缺陷，如有后退波，这与实际情况不符；机械波假设导致的以太缺乏实验验证等。

1801 年，托马斯·杨提出了光的干涉原理并对薄膜彩色做出了解释。但是，由于托马斯·杨的见解大部分是定性表达的，所以没有得到普遍认可。大约在这个时候，马吕斯发现了反射光的偏振现象。同时代，光的微粒理论已由拉普拉斯和毕奥进一步发展。光的微粒理论的支持者把"利用精确的实验确定光线的衍射效应"作为 1818 年巴黎科学院悬赏征文题目，期望对这个题目的论述能使光的微粒理论获得最后胜利，但是他们的希望落空了。

当时只有 30 岁的菲涅耳向巴黎科学院提交了应征论文，他提出了一种半波带法，定量地计算了圆孔、圆板等的障碍物产生的衍射花纹，得出的结果与实验吻合得很好。更令人惊奇的是，菲涅耳竟然用光的波动理论解释了光沿直线传播的现象。竞赛评奖委员会中有著名的科学家泊松，但他当时是坚定的光的微粒理论的支持者，菲涅耳的理论自然遭到了泊松的反对。泊松希望找出菲涅耳的理论的破绽来驳倒他。他运用菲涅耳的理论推导了圆盘衍射，结果推导出了一种非常奇怪的结论：如果在光束传播路径上放置一块不透明的圆盘，那么在到圆盘有一定距离的地方，圆盘阴影的中央会出现一个亮斑。这在当时来说是不可思议的，所以泊松宣称，他已经驳倒了菲涅耳的光的波动理论。

但是另一位评委阿拉果却是光的波动理论的支持者，他支持菲涅耳的理论。菲涅耳和阿拉果立即通过实验对泊松提出的问题进行检验，结果发现阴影中央真的出现了一个亮斑，这个实验精彩地证实了菲涅耳的光的波动理论的正确性。因此，到 19 世纪中叶，光的波动理论战胜了光的微粒理论，在比较坚实的基础上确立起来。

19 世纪 60 年代，爱尔兰物理学家麦克斯韦建立了电磁理论，将电磁学里的 4 个公式结合起来，提出了麦克斯韦方程组。他明确指出，变化的电场会产生磁场，变化的磁场又会产生电场，这样电和磁可以像波（称为电磁波）一样在真空中向前传播而不需要介质。电磁波在整个空间中以光速传播。麦克斯韦同时预测了光就是电磁波。1888 年，麦克斯韦的学生、德国物理学家赫兹在实验中观测到了人们期待已久的电磁波。

17.1.2　光的波粒二象性

当人们陶醉在经典物理学带来的成功之时，天空中仍然飘着两朵"乌云"：一朵是迈克尔逊和莫雷为寻找以太所做的迈克尔逊-莫雷实验；另一朵是黑体辐射。对这两朵"乌云"的深入研究，促进了近代物理学的形成，使人们对电磁场的认识进入了一个新的层面。当然，这种认识过程也是从现象之美到理论之美的过程。在这个层次上，我们可以更好地体会宇宙的永恒。

为了解决黑体辐射问题，普朗克提出了量子化的概念，即辐射源的能量有一个最小单元 $E = \hbar\omega$，辐射源与辐射场之间只能以 $\hbar\omega$ 的整数倍交换能量。基于这个假设，普朗克很好地解决了黑体辐射问题，得到了与实验结果吻合得非常好的黑体辐射公式。

为了解释光电效应，爱因斯坦进一步推广了普朗克的量子思想：不仅仅辐射源能量是量子化的，辐射场本身的能量也是量子化的，其最小单元为 $\hbar\omega$。爱因斯坦的量子论不仅可以解释光电效应，而且在处理康普顿效应时大获成功。值得回味的是，在处理光电效应和康普顿效应时，将光视为能量为 $\hbar\omega$、动量 $\hbar k$ 的粒子，根据能量守恒与动量守恒得到了与实验一致的结果。问题是光到底是波，还是粒子呢？

1926 年，美国物理学家 Gilbert Lewis 提出，"如果我们设想某个假设的实体仅在极短时间内作为辐射能量的载体，在其余时间内作为原子内的一个重要结构元素存在，那么似乎应该把它称为光的粒子、光的微粒、光的量子或光量子，我因此冒昧地提议命名这个假设的新粒子为光子，它不是光，但在每个辐射过程中扮演了重要角色"。

光既是粒子又是波，既不是粒子也不是波。光既是由光子组成的粒子流，又是电磁波。波与粒子是光在不同时候表现出来的不同方面。于是光学领域出现了两个光学分支：经典的电磁波理论和量子光学。

1960 年，美国加利福尼亚州休斯实验室的梅曼使用人造红宝石制造出世界上第一个红宝石激光器。1962 年，中国长春光学精密机械所的王之江、邓锡铭等制造出中国第一个红宝石激光器，其性能远优于梅曼制造的红宝石激光器。

目前，大部分光学现象可以很好地用麦克斯韦电磁波理论进行解释，即使是在亚波长尺度的特殊结构中，光场仍可以由麦克斯韦方程组描述，这是一件令人困惑的事。然而，一旦涉及光子的吸收与发射，就要用光子理论来描述。现状是，如果你需要把光看成波，那么它就是波，如果你需要把光看成粒子，那么它就是粒子。

17.1.3　绝对中的相对

在相对论中，光有着不可思议的特性。光在真空中永远以光速 c 运动，与观察者的运动状态无关。这就是光速不变原理，该理论是狭义相对论的两个基本原理之一。在相对论中，运动的时钟要变慢。当物体运动速度接近光速时，时钟会变慢，当物体运动速度达到光速时，时间便会停止。也就是说，当物体以光速运动时，对该物体来说时间是静止的。光子以光速传播，对光子来说，时间是没有意义的。或者说在光子眼里，只有空间，没有时间。

由于光子的静止质量为零，它只有运动质量（光子的运动质量为 $\hbar\omega/c^2$，频率不同的光子，其运动质量也不同），因此人们绝不会捕捉到一个静止的光子。既然光子的静止质量为零，那么光子到底存不存在呢？用爱因斯坦的话来说就是：能量就是质量，质量就是能量。

到底什么是光？什么是光子？用爱因斯坦的这段话可以很好地说明目前人们对于光和光子认识的现状：

All these 50 years of pondering have not brought me any closer to answering the question: "what are light quanta?" These days every Tom, Dick and Harry thinks he knows it but he is mistaken.

17.2　实验目的

（1）理解单光子的物理内涵。
（2）了解 SGD-2 单光子计数实验系统的工作原理，掌握其基本操作方法。
（3）掌握使用 SGD-2 单光子计数实验系统检测微弱光信号的方法。

17.3　实验原理

17.3.1　SGD-2 单光子计数实验系统的工作原理

首先需要说明的是，本实验进行单光子计数并非真正意义上的对单光子进行计数，迄今为止如何产生稳定可控的单光子仍然是一个未解的问题。理论上提出过很多产生单光子的方案，如利用单个量子点辐射单光子，结合光学腔与光子间的强相互作用诱导的光子阻塞效应产生稳定单光子等。众多实验中所称的单光子是通过对光源不断进行衰减得到的，与理论上真正的单光子是有一些差异的。

将光视为光子流，由光子理论可知，每个光子能量为

$$E = h\nu = h\frac{c}{\lambda} = \hbar\omega \tag{17-1}$$

式中，$c = 3.0\times10^8\,\mathrm{m/s}$ 表示真空中的光速；$h = 6.626\times10^{-34}\,\mathrm{J\cdot s}$ 表示普朗克常量；$\hbar = h/2\pi$ 表示约化普朗克常量。

单光子计数是通过 SGD-2 单光子计数实验系统完成的，从原理上来讲可分为如下三个过程。

（1）对光源进行滤波（将离中心频率较远的频率成分过滤掉，在实验中可以通过法拉第效应来实现）与衰减，将其强度降低到合适的范围内。

（2）先用光照射光电倍增管的阴极 K，使阴极以一定概率发射一个光电子。光电子经光电倍增系统（见图 17-1）的倍增后到达阳极 A 形成回路，实现光信号到电信号的转换，形成一个电流脉冲。再通过负载电阻 R 产生一个电压脉冲，该电压脉冲称为单光子脉冲。

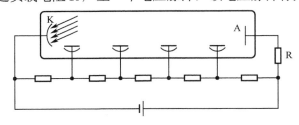

图 17-1　光电倍增系统示意图

（3）当入射光很弱时，入射光的粒子性变得比较明显，可视为一个一个光子离散地入射到阴极，很自然地，在阳极上观察到的应该是一系列分立的脉冲信号。

从理论上来讲，通过上述三个过程即可观察到和单光子相应的电信号。但实际上，光电倍增系统中还存在很多热电子，单光子脉冲信号非常微弱，会淹没在热电子噪声背景中。要观察到单光子脉冲信号，并完成单光子计数，必须将热电子噪声背景过滤掉。幸运的是，由于热电子倍增的次数比光电子少，并且初始只有热涨落，因此热电子对应的脉冲幅度比光电子对应的脉冲幅度低。光电倍增管输出脉冲幅度分布曲线如图 17-2 所示。只需在设置脉冲幅度时将低于甄别电压 U_h 的脉冲抑制掉，便可得到需要的单光子脉冲信号。

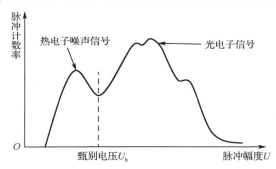

图 17-2　光电倍增管输出脉冲幅度分布曲线

SGD-2 单光子计数实验系统框图如图 17-3 所示。

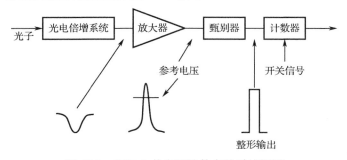

图 17-3　SGD-2 单光子计数实验系统框图

17.3.2　信噪比

一般来讲，光子打出光电子是随机的，因此打出光电子的时间间隔也是随机的，大量该类事件满足泊松分布。这种统计特性导致观测到的信号存在一定的不确定度，即统计噪声，通常用均方根偏差 σ 来度量。若量子计数效率为 η，光子平均流量为 R，则时间间隔 t 内光电倍增管的阴极发射的平均光电子数 $N = \eta Rt$，均方根偏差 $\sigma = \sqrt{\eta Rt}$，此时信噪比为

$$\text{SNR} = \frac{N}{\sigma} = \sqrt{\eta Rt} \tag{17-2}$$

光电倍增系统中的热电子会夹杂在信号中，热电子引起的计数称为暗计数或背景计数。设光源没开时测得的暗计数率为 R_d，设置相同的时间间隔 t，在扣除暗计数和同步数字检测两种工作方式测得的暗计数及总计数分别为 N_d、N_t，信号计数为 N_p，则测量结果的信号计数 N_p 中的总噪声为 $\sqrt{N_t + N_d}$，此时信噪比为

$$\text{SNR} = \frac{N_p}{\sqrt{N_t + N_d}} = \frac{N_t - N_d}{\sqrt{N_t + N_d}} = \frac{\eta R \sqrt{t}}{\eta R + 2R_d} \tag{17-3}$$

由此可见，为了提高信噪比，可以适当增大测量时间间隔 t。

17.4　实验装置

SGD-2 单光子计数试验系统大体上包括主机、制冷系统及其他部件。本实验中制冷系统采用半导体制冷器，用于降低光电倍增管的工作温度，最低温度为-20 ℃。主机包括如下五大部分：①光源（附带衰减与滤光系统）；②CR125 光电倍增管；③放大器；④甄别器；⑤计数器。

1．光源

光源是高亮度发光二极管，其具体指标如下：中心波长为 500 nm，半高宽为 30 nm。为了提高光的单色性，光源还配有窄带滤光片，半高宽为 18 nm。

2．CR125 光电倍增管

CR125 光电倍增管是将微弱光信号转换成电信号的真空电子器件，其工作电路图如图 17-1 所示。从光源发出来的光经滤波和衰减之后入射到光电倍增管的阴极上，打出光电子，光电子经光电倍增系统的倍增后到达阳极，形成回路。在回路中接入电阻 R，在电阻 R 两端可建立电压脉冲，该电压脉冲称为单光子脉冲。在理想情况下，一个光子对应一个光电子，与某一特定电位的单光子脉冲相对应。当入射光很弱时，该电压脉冲呈现出离散的性质，表现为离散的尖脉冲。

3．放大器

放大器用来对信号进行线性放大，放大的信号既有需要的光电子脉冲信号，也有热电子噪声信号。放大后的脉冲信号被送至甄别器。要求放大器的上升时间≤3.0 ns，即放大器的通频带宽为 100 MHz，有较宽的线性动态范围且噪声系数小。

4．甄别器

实际上，到达光电倍增管阳极的电子除被光子打出的光电子以外，还有很多热电子，热

电子的加入必将影响最后得到的单光子脉冲信号。很显然，与光电子相比，热电子在光电倍增系统中获得的能量小，因此最终到达光电倍增管阳极时热电子的能量比光电子的能量小很多。光电倍增管输出脉冲幅度分布曲线如图 17-2 所示，其中对应电压较低的峰主要是热电子贡献的热电子噪声信号，对应电压较高的峰是光电子信号。引入甄别器，并将阈值电压设置在 U_h 及以上，即可过滤掉大部分热电子噪声信号，从而提高信噪比，实现单光子计数，并将单光子脉冲信号整形输出。对甄别器的要求如下：甄别电压稳定，灵敏度高，时间滞后尽可能小，脉冲对分辨率 ≤10.0 ns。

5．计数器

计数器的作用是在规定的测量时间间隔内将甄别器的输出脉冲累加计数并进行显示。其技术频率一般要求为 10 MHz 左右。

17.5　实验步骤

（1）冷却系统通水，打开计数器开关，2 min 后打开制冷器开关。

（2）约 10 min 后，待 PV 显示值（测量温度）与 SV 显示值（设定温度）相符且稳定后，打开计算机电源开始采集数据。

（3）打开"单光子计数"界面，将模式设置为"阈值模式"，改变参数（采样时间间隔和积分时间可适当调整，一般采样时间间隔为 500 ms，积分时间为 500 ms，高压为 7 kV），单击"开始"按钮开始采集数据，在光源打开和关闭两种情况下得到单光子计数随甄别器阈值电压变化的曲线，根据该曲线确定甄别器阈值电压。

（4）将模式改为"时间模式"，并设置好阈值。将光源打开，调节光强至某一强度后开始采集数据，得到振荡曲线，并保存数据。

（5）打开保存的文本文件，将这些数据复制到 Excel 文件中，对所需数据求平均值，得到暗计数 N_d。

（6）将光源打开，调节光强至某一强度后开始采集数据，得到振荡曲线，并保存数据。求总计数 N_t。

（7）求相应的信噪比。

（8）改变阈值电压，探讨信噪比与阈值电压之间的关系，并记录数据（见表 17-1）。

表 17-1　信噪比与阈值电压之间的关系数据记录表

高　压	采样时间间隔	光 源 功 率	温　度	阈值电压	暗 计 数	总 计 数	信 噪 比
7 kV	500 ms						

（9）改变光强，探讨信噪比与光强之间的关系，并记录数据（见表 17-2）。

表 17-2 信噪比与光源功率之间的关系数据记录表

高 压	采样时间间隔	阈 值 电 压	温 度	光源功率	暗 计 数	总 计 数	信 噪 比
7 kV	500 ms						

（10）改变设定温度，探讨信噪比与温度之间的关系，并记录数据（见表 17-3）。

表 17-3 信噪比与温度之间的关系数据记录表

高 压	采样时间间隔	光 源 功 率	阈 值 电 压	温 度	暗 计 数	总 计 数	信 噪 比
7 kV	500 ms						

（11）实验结束，关闭计数器与制冷器开关，关闭计算机与光源电源，2 min 后关闭冷却系统。

17.6 思考与讨论

（1）杨氏双缝实验是如何证明光的波粒二象性的？

（2）保持光源功率不变，升高光电倍增系统温度，对信噪比有什么影响？

（3）保持温度不变，增大光源功率，对信噪比有什么影响？

第 18 章　微弱信号检测

随着科学技术的迅速发展，测量技术日趋完善，但同时人们也对其提出了更高的要求，尤其是一些极端条件下的微弱信号检测已成为深化认识自然的重要手段。例如，对物质微观结构与弱相互作用的检测，无疑是当今科学技术的前沿课题。微弱信号检测由于能测量传统观念认为不能测量的微弱量，所以获得了迅速的发展和普遍的重视。在本实验中，我们将一起学习如何利用相关检测手段提取检测所需的微弱信号，去除不需要的噪声信号，并自己搭建一套能去除噪声、放大有用信号的检测设备，深入学习微弱信号检测的方法。

18.1　实验背景

在高新技术领域，存在大量淹没在噪声背景中的微弱信号需要检测。微弱信号检测技术已成为深化认识自然、探索新材料、制造新器件的重要工具。众多的微弱量（如弱光、小位移、微振动、微温差、弱磁、弱声、微电流、低电压、小流量等），一般都要通过各种传感器进行非电量的转换，将检测对象转变成电量（电流或电压）。但当检测量甚为微弱时，这些微小量的变化通过传感器转换成的电信号十分微弱，可能是 10^{-6} V、10^{-7} V、10^{-9} V 或更小。由于物质是由带电的分子和原子组成的，物体总是存在于一定的温度条件下，带电粒子的热扰动会产生热噪声。另外，还包括电子电路中半导体器件的载流子的复合和再生所产生的噪声，受半导体器件表面状态影响产生的闪烁噪声，以及光的量子噪声等。因此，被测的有用微弱信号经常会被比自己强数千倍甚至数十万倍的噪声信号淹没。除上述这些噪声以外，还有一些人为的及自然界中的噪声和干扰。这些噪声和干扰来源于测量系统的外部，原则上可以采用电磁屏蔽的方法使其降到最小。但是，在实际工作中，要消除这些噪声和干扰，也不是一件容易的事。

微弱信号检测技术用于研究、观察、记录科研和生产中各种物理量的微小变化，解决在噪声和干扰中检测有用的微弱信号的问题。放大器或信号检测系统的基本任务就是在噪声和干扰背景中选出需要的信号。然而，对于一般的宽带放大器而言，由于噪声、干扰和信号混在一起，因此它会把无用的噪声、干扰和有用的信号一起放大。只有在信号大于噪声和干扰的情况下，这种放大器才能作为检测的有用工具。如果噪声或干扰大于信号，那么通过这种放大器之后，不但不能提取有用的信号，而且放大器的输出中还加入了放大器本身的噪声，使信号被噪声淹没得更深。即使不考虑放大器本身的噪声（所谓的理想放大器），也只能维持放大器输入端的信噪比，因为这种放大器并没有从信号和噪声本身的特性出发，而只能从信号和噪声共有的特性，即平均功率的大小出发来区分信号和噪声。只有从信号和噪声本身的特性出发，针对信号和噪声的不同特性，充分利用它们本身的特性拟定检测方法，才有可能从噪声中检测出信号。

微弱信号检测技术最根本的作用是改善信噪比。当信号频率和相位已知时，采用相干检测技术能使信噪比得到最大限度的改善，是恢复信号幅度的最佳方法。国外在 1962 年出现了世界上第一台基于相干检测技术实现的锁定放大器，自此以后锁定放大器性能的研究工作从未间断，特别是 20 世纪 70 年代后期至今其发展更为迅速，不断取得新的进展。经过几十年的更新换代，锁定放大器已成为现代科学技术中必不可少的常备仪器。

18.2　实验目的

（1）了解相关器的原理。
（2）测量相关器的输出特性。
（3）测量相关器的抑制干扰能力和抑制白噪声能力。
（4）了解锁定放大器的原理及典型框图。
（5）根据典型框图，连接锁定放大器。
（6）对锁定放大器进行性能测试。

18.3　实验原理

在实际测量一个待测信号时，总是会随之出现无用的噪声和干扰，影响测量的精确性和灵敏度，特别是噪声功率超过待测信号功率时。因此，需要用微弱信号检测仪器来恢复或检测原始信号。微弱信号检测仪器是根据改善信噪比的原则设计和制作的。当信号的频率和相位已知时，采用相干检测技术能使信噪比得到最大限度的改善。常用的微弱信号检测仪器是锁定放大器，锁定放大器是以相干检测技术为基础制成的，其核心部分是相关器。相关器由乘法器与低通滤波器组成。锁定放大器中的相关器通常采用如图 18-1 所示的连接形式。

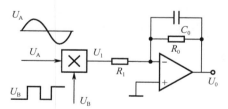

图 18-1　锁定放大器中通常采用的相关器连接形式

$$U_A = U_A \sin(\omega t + \varphi) \tag{18-1}$$

$$U_B = \frac{4}{\pi}\left(\sin \omega_R t + \frac{1}{3}\sin 3\omega_R t + \cdots\right) \tag{18-2}$$

式中，U_A 为输入信号；参考信号 U_B 可以看作频率为 ω_R 的单位幅度方波，$\omega = \omega_R$ 时为信号，$\omega \neq \omega_R$ 时为噪声或干扰。参考信号 U_B 可以用来鉴别输入信号的相位和频率。U_A、U_B 之间的相位差 φ 可以由锁定放大器参考通道的相移电路调节。图 18-1 中 U_1 和 U_0 分别为

$$U_1 = U_A \cdot U_B \tag{18-3}$$

$$U_0 = -\frac{2R_0 U_A}{\pi R_1} \sum_{n=0,1,2,\cdots}^{\infty} \frac{1}{2n+1} \left\{ \frac{\cos\{[\omega - (2n+1)\omega_R]t + \varphi + Q_{2\bar{n}+1}\}}{\sqrt{1 + \{[\omega - (2n+1)\omega_R]R_0 C_0\}^2}} - \right.$$
$$\left. e^{-\frac{t}{R_0 C_0}} \frac{\cos(\varphi + Q_{2\bar{n}+1})}{\sqrt{1 + \{[\omega - (2n+1)\omega_R]R_0 C_0\}^2}} \right\} \tag{18-4}$$

式中，$Q_{2\bar{n}+1} = \arctan[\omega - (2n+1)\omega_R]R_0 C_0$

当 $\omega = \omega_R$ 时，图 18-1 中各点的波形如图 18-2 所示（注：图 18-1 中低通滤波器为反相输入，因此输出直流电压与 U_1 反号）。

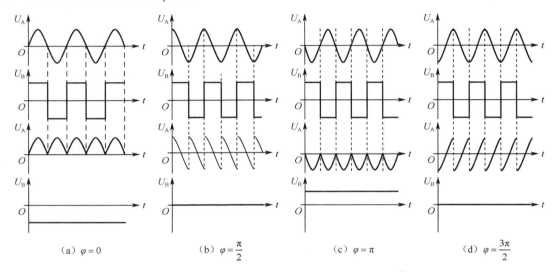

（a）$\varphi = 0$　　（b）$\varphi = \dfrac{\pi}{2}$　　（c）$\varphi = \pi$　　（d）$\varphi = \dfrac{3\pi}{2}$

图 18-2　相关器输入波形为基波时相位 φ 为 0、$\dfrac{\pi}{2}$、π、$\dfrac{3\pi}{2}$ 的波形图

对式（18-2）中不同输入信号的频率进行讨论，由此可了解相关器的性能与物理意义。

当 $\omega = \omega_R$，即输入信号频率等于参考信号频率时，记输出电压为 U_0。当 $\omega_0 R_0 C_0 \gg 1$ 时，略去式（18-4）中的小项，得

$$U_0 = -\frac{2R_0}{\pi R_1} U_A \left(1 - e^{-\frac{t}{R_0 C_0}}\right) \cos\varphi \tag{18-5}$$

设 $T = R_0 C_0$ 为低通滤波器的时间常数。当 $t \gg T$ 时，得到稳态解为

$$U_0 = -\frac{2R_0}{\pi R_1} U_A \cos\varphi \tag{18-6}$$

输出为直流电压，其大小正比于输入信号的振幅 U_A，并且和信号与参考信号之间的相位差 φ 的余弦成正比。$-R_0/R_1$ 为低通滤波器的直流放大倍数，负号表示为反相输入。

相关器能通过奇次谐波并抑制偶次谐波，传输函数和方波的频谱一样，说明相关器是以参考信号频率为参数的方波匹配滤波器。因此，能在噪声和干扰中检测频率与参考信号相同的方波或正弦信号。

如果输入信号为恒定且和参考信号频率相同的方波信号，则相关器为相敏检波器，输出的直流电压和信号与参考信号的相位差呈线性关系，可以作为鉴相器使用。

18.4　实验装置

本实验要用到多功能信号源插件盒、相关器插件盒、选频放大器插件盒、前置放大器插件盒、相位计插件盒、宽带相移器插件盒、频率计插件盒，以及交流、直流、噪声电压表插件盒和 ND-601 型精密衰减器等部件，按图 18-3 用电缆或导线连接。其中，前置放大器、选频放大器、相关器、宽带相移器 4 个插件盒构成一个完整的锁定放大器，如图 18-3 中虚线框部分所示。其他的插件盒、示波器、衰减器为测试部分。锁定放大器的直流输出电压表达式为 $U_0 = U_i K \cos\varphi$。其中，U_i 为 U_A 经衰减器衰减之后的电压值；K 为总的放大倍数（前置放大器放大倍数×选频放大器放大倍数×相关器放大倍数）；φ 为 U_A 与 U_B 之间的相位差。

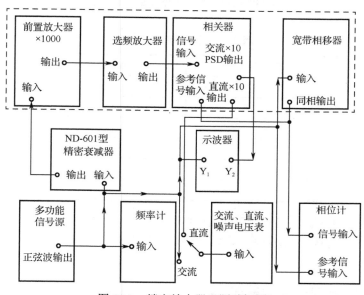

图 18-3　锁定放大器及测试框图

18.5　实验内容

18.5.1　相关器 PSD 输出波形的观察及输出电压的测量

按图 18-4 用电缆或导线连接各部件。接通电源，预热 2 min，调节多功能信号源，使输出频率在 1 kHz 左右，用频率计测量信号源频率。调节输出幅度旋钮。用交流、直流、噪声电压表测量输出交流电压，使输出电压为 100 mV。设置相关器直流放大倍数为×10，交流放大倍数为×1。用示波器观察 PSD 输出波形，并用交流、直流、噪声电压表测量相关器的输出直流电压，相关器低通滤波器的时间常数设置为 1 s。调节宽带相移器的相移量，观察 PSD 输出波形。测量相关器的输出直流电压和相关器的输入信号与参考信号之间的相位差 φ 的关系。用相位计测量 φ 的大小。按表 18-1 记录测试数据并绘出示波器显示的 PSD 输出波形。

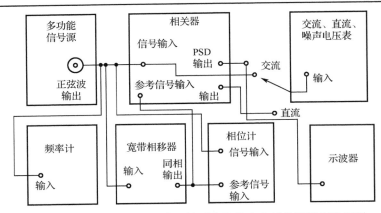

图 18-4 相关器 PSD 输出波形的观察及输出电压的测量实验框图

表 18-1 实验数值记录表

φ	理论值 U_0	测量值	PSD 输出波形

将测量值与理论值 $U_0 = 2/\pi K_{AC} \cdot K_{DC} U_A \cos\varphi$ 进行对比。其中，U_0 为相关器输出的直流电压；K_{AC} 为交流放大倍数；K_{DC} 为直流放大倍数；U_A 为输入信号的幅值；φ 为参考信号与输入信号之间的相位差。

18.5.2 相关器谐波响应的测量与观察

把 18.5.1 节中的实验连接图进行如下改变。宽带相移器输入信号由 $n \times 1/n$ 输出（n 倍频或 $1/n$ 分频）供给。将多功能信号源功能选择旋钮置于"分频"。相关器的参考信号为输入信号的 $1/n$ 分频，即相关器的输入信号为参考信号的 n 倍频。其他连接与测量方法同 18.5.1 节。

先设置分频数为 1，由示波器观察 PSD 输出波形并测量输出直流电压。然后调节宽带相移器的相移量，使输出直流电压最大，使示波器波形与全波整流波形相同，相位计测的相位差为 0。记录上述数据，改变 n 使其为 2、3、4、5……对于某一 n 值重复上述测量。实测结果为，奇次谐波输出的直流响应电压为奇波电压的 $1/n$。偶次谐波的输出直流响应为 0，观察 PSD 输出波形并测量输出直流电压。

18.5.3 锁定放大器的性能测试

1. 锁定放大器的基本原理

锁定放大器是以相干检测技术为基础制成的，其核心部分是相关器。锁定放大器的基本原理框图如图 18-5 所示。

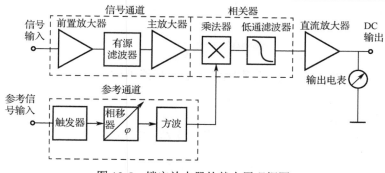

图 18-5　锁定放大器的基本原理框图

图 18-5 所示的典型原理框图分为三大部分：信号通道（相关器前的部分）、参考通道和相关器。

（1）信号通道。

信号通道是相关器前的部分，由低噪声前置放大器、各种功能的有源滤波器和主放大器等部分组成。其作用是把微弱信号放大到足以推动相关器工作，抑制和滤除部分干扰和噪声，以及扩大仪器的动态范围。

前置放大器用于对微弱信号进行放大，主要性能指标是低噪声及一定的增益（100～1000）

主放大器是实现信号放大的主要部件，必须有很宽的增益调节范围，以适应不同输入信号的需要。例如，当输入信号幅度为 10 nV，而输出电表的满刻度值为 10 V 时，仪器总增益为 $10\,V/10\,nV = 10^9$。

有源滤波器是任何一个锁定放大器中都必须有的部件，其作用是对混在信号中的噪声进行滤波，尽量滤除带外噪声。这样不仅可以避免 PSD 过载，而且可以进一步提高 PSD 输出信噪比，以确保微弱信号的精确测量。

（2）参考通道。

参考通道的作用是提供锁定放大器中 PSD 的开关方波。开关方波应是正负半周期之比为 1∶1、频率为 f_0 的方波。开关方波的相位能在 0°～360°范围任意变化，以保证输出信号 U_0 能达到正或负的最大值。由于方波具有对称性，因此可以消除偶次谐波的响应。

参考通道输入频率为 f_0 的正弦波，经移相、整形后得到开关方波。因此，参考通道对参考信号的频率和幅度有一定的要求，通常其幅度应大于 100 mV。另外，输入参考信号的波形可以是非正弦波，因为它可以通过整形达到规范化。

相移器可以用 RC 移相网络、模拟门积分比较器、锁相环等组成。

（3）相关器。

相关器是锁定放大器的核心部分，在相关器实验中已进行了详细介绍，相关器应具有动态范围大、漂移小、时间常数可调、线性良好等性能。

2. 锁定放大器的主要特性参量

任何仪器都有自己的主要特性参量，锁定放大器是一种微弱信号检测仪器，可以实现在噪声背景中进行微弱正弦信号的检测，它的主要特性参量就是根据这个要求确定的。

（1）等效噪声带宽。

锁定放大器相当于中心频率为 f_R 的带通放大器。等效噪声带宽由相关器的时间常数决定，

用公式表示为

$$\Delta f_{\text{s}} = \frac{1}{\pi R_0 C_0} \tag{18-7}$$

式中，f_{s} 为等效信号带宽；R_0、C_0 分别为相关器的低通滤波器的滤波电阻和电容，时间常数 $T_1 = R_0 C_0$。

（2）改善信噪比（SNIR）。

锁定放大器的 SNIR 可用输入信号的噪声带宽 Δf_{ni} 与锁相检波器输出的噪声带宽 Δf_{no} 之比的平方根来表示，即

$$\text{SNIR} = \sqrt{\frac{\Delta f_{\text{ni}}}{\Delta f_{\text{no}}}} \tag{18-8}$$

令 $\Delta f_{\text{ni}} = 10\ \text{kHz}$，时间常数为 1 s，若用一级 RC 滤波，则 $\Delta f_{\text{no}} = 0.25\ \text{Hz}$，SNIR 为 200。

（3）动态范围。

根据锁定放大器的三个性能指标，可以确定锁定放大器的动态范围，如图 18-6 所示，其中 FS 为满刻度输入电平，OVL 为最大输入过载电平，MDS 为最小可检测电平。

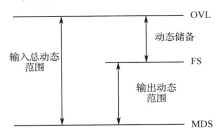

图 18-6　锁定放大器的动态范围

在图 18-6 中，动态储备为 $20 \times \lg \dfrac{\text{OVL}}{\text{FS}}$；输出动态范围为 $20 \times \lg \dfrac{\text{FS}}{\text{MDS}}$；输入总动态范围=动态储备+输出动态范围=$20 \times \lg \dfrac{\text{OVL}}{\text{FS}} + 20 \times \lg \dfrac{\text{FS}}{\text{MDS}}$。

3．双相锁定放大器

正弦信号的信息包含在振幅和相位中，用锁定放大器测得的正弦信号包含被测正弦信号的全部信息。锁定放大器能通过相位控制静态地测量振幅和相位，但不能同时进行振幅和相位的动态测量。为了能动态地测量振幅和相位，20 世纪 70 年代后期，出现了双相锁定放大器（或称锁定分析器）。

若有两个完全相同的信号通道和相关器，分别有两个正交（相位差为 $\pi/2$）的参考对称方波激励，则两个相关器的输出 U_1、U_Q 为

$$\begin{cases} U_1 = KU_{\text{s}}\cos\varphi \\ U_Q = KU_{\text{s}}\sin\varphi \end{cases} \tag{18-9}$$

式中，U_1、U_Q 分别为用直角坐标表示的同相与正交输出分量。

由直角坐标到极坐标的矢量变换电路，可得到极坐标的表示形式，即

$$\begin{cases} A = \sqrt{U_1^2 + U_Q^2} \\ \varphi = \arctan \dfrac{U_Q}{U_1} \end{cases} \tag{18-10}$$

式中，A、φ 分别为被测信号的振幅和相位。

双相锁定放大器的原理框图如图 18-7 所示。

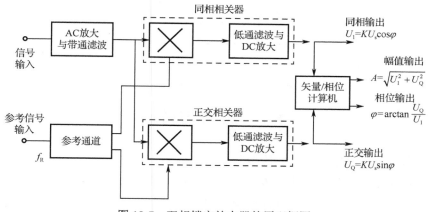

图 18-7　双相锁定放大器的原理框图

18.6　实验步骤

（1）接通电源，预热 2 min。

（2）调节多功能信号源，使其输出正弦波，频率为 1 kHz 左右，电压为 100 mV。调节 ND-601 型精密衰减器，使其衰减 1000 倍，输出为 100 μV，接至前置放大器。前置放大器"增益"开关置于"100"，"接地/浮地"开关置于"浮地"，"测量/短路"开关置于"测量"。选频放大器"增益"开关置于"×10"，Q 值置于"3"，选频频率置于"1 kHz"。相关器直流放大倍数置于"×10"，交流放大倍数置于"×1"，时间常数置于"1 s"。

（3）用示波器观察由相关器"加法器输入"的信号通道放大的波形，调节选频放大器的选频频率，细调"×0.1"挡、"×0.01"挡的波段开关和电位器，使输出电压最大。

（4）Q 值置于"30"，重复调节选频频率，使输出电压最大，表明选频放大的谐振频率为信号频率。

（5）改示波器观察"PSD 输出"的波形为同相波形（与全波整流波形相似），使相关器输出直流电压最大，为锁定放大器的同电压。根据上述选择的各插件盒的放大倍数，输出电压应为 10 V，但由于放大倍数不十分准确，因此输出电压不一定正好为 10 V。

为了进一步了解锁定放大器检测微弱信号的能力，熟悉锁定放大器的性能和使用方法，可以使用上述实验中的锁定放大器，采用同样的方法测量更微弱的信号。例如，由精密衰减器给出 10 μV、1 μV 的微弱信号进行测量，或者改变频率进行测量。测量时要注意观察输出信噪比及时间常数与输入灵敏度之间的关系，以及接地对测量微弱信号的影响，并进行讨论。

在确定放大倍数 K 的情况下，将输入电压 U_A 用精密衰减器分别衰减 1000 倍、10000 倍、100000 倍，测量对应的输出电压 U_0。

根据测试数据完成表 18-2 的填写。

表 18-2　实验数值记录表

U_A	U_i	理论值 U_0	测量值	噪声大小

18.7　思考与讨论

（1）相关器为什么可以检测微弱信号？

（2）输入相关器的待测信号和参考信号之间的相位关系对输出直流信号有何影响？

（3）低通滤波器的时间常数的选择对相关器的输出直流信号有什么影响？

（4）单相锁定放大器与双相锁定放大器有什么区别和联系？

（5）根据所学习的锁定放大器知识，设计一个锁定放大器应用的实例。

第 19 章 核磁共振

磁矩不为零的原子核在外磁场作用下自旋能级发生塞曼分裂，粒子在不同塞曼能级间发生共振激发，该物理过程称为核磁共振。核磁共振不仅是研究核磁矩的准确方法，还是进行分子动态研究不可替代的重要手段，广泛应用于医学成像、量子信息、化学检测等领域。在本实验中，我们将一起学习核磁共振的基本原理和发展历程，了解二维核磁共振成像的原理，对样品进行二维成像研究。

19.1 实验背景

从经典的观点来看，磁共振是指磁矩不为零的微观粒子绕 z 轴方向恒定外磁场的进动与 xOy 平面内的磁场的旋转实现同步，达到共振。从量子的观点来看，当粒子处于 z 轴方向的磁场中时，由于磁矩空间取向量子化，因此会造成能级的塞曼分裂。如果在 xOy 平面内施加频率合适的交变电磁场，则可以实现粒子在不同塞曼能级间的共振激发。如果磁共振是由原子核磁矩引起的，则称为核磁共振（Nuclear Magnetic Resonance，NMR），共振激发发生在原子核自旋态在外加磁场下由于塞曼效应而产生的能级之间。如果磁共振是由电子自旋磁矩引起的，则称为自旋共振，也称为顺磁共振，共振激发发生在未配对电子的自旋态在外加磁场下由于塞曼效应而产生的能级之间，这些能级可能已经受到精细结构分裂的影响。如果磁共振是由铁磁材料的磁畴磁矩引起的，则称为铁磁共振（Ferro-Magnetic Resonance，FMR）。

由于磁共振不仅与外磁场有关，而且与微观粒子的内部能级有关，而粒子的能级又依赖于所处的微观环境、相互作用等因素（如邻近粒子磁矩相互作用的 j-j 耦合、局部环境带来的化学位移等），因此磁共振常用来研究物质内部不同层次的结构及进行外磁场的探测等。经过近 100 年的发展，磁共振技术已广泛应用于物理、化学、医学、地质、考古等许多领域。特别是近 20 年来，磁共振技术在材料、医学、磁测量等与人类生产、生活有密切关系的领域应用广泛，逐渐成为当今社会重要的测试手段。例如，利用核磁共振技术研究原子核的结构与性质、弛豫过程与临界现象、凝聚体的相变、高分子材料的结构与化学反应过程，以及医学上的核磁成像等。在医学上，核磁共振已成为疾病诊断的重要手段。在量子信息技术飞速发展的今天，核磁共振也被广泛应用于量子精密测量、量子计算及其他量子信息过程。核磁共振成为磁场测量和校准磁强计的标准方法，其不确定度可达 ±0.001%。

核磁共振现象最早是由美国物理学家拉比（I. I. Rabi）于 1938 年利用原子束和不均匀磁场研究原子核磁矩时观察到的，核磁共振一词也是由拉比首次引入的。拉比因此于 1944 年获得诺贝尔物理学奖。1946 年，美国斯坦福大学的布洛赫（F. Bloch）小组和哈佛大学的珀塞尔（E. M. Purcell）小组分别用不同方法在常规物质中再现核磁共振现象。他们的发现和使用的方法构成了现代核磁共振技术的基础。布洛赫和珀塞尔于 1953 年获得诺贝尔物理学奖。20 世纪 60 年代到 70 年代，科学家发展出脉冲核磁共振技术。1973 年，美国化学家 P. C. Lauterbur 和英国物理学家 P. Mansfield 分别提出先在核磁共振中引入梯度磁场，再通过空间编码与回波平面等方法实现核磁共振成像（Nuclear Magnetic Resonance Imaging，NMRI）的原理，并因此于2003 年获得诺贝尔生理学与医学奖。迄今为止，已有 16 人因核磁共振研究而获得诺贝尔奖。这么多项研究发现和发明的获奖情况也突显了核磁共振技术在科学研究及相关应用领域中的重要性。

19.2　实验目的

（1）了解核磁共振的原理与应用。
（2）了解脉冲核磁共振的原理和脉冲宽度对信号的影响。
（3）了解仪器结构，掌握仪器和软件的使用方法。
（4）了解二维核磁共振成像的原理，对样品进行二维成像研究，并观察梯度场各参数对成像的影响。

19.3　实验原理

19.3.1　核磁共振的经典描述

1．布洛赫方程

虽然将经典框架下的核磁共振技术应用于微观粒子时存在不严格的问题，但是它能很好地解释部分现象，并且能给出清晰的物理图像，这有助于我们理解问题的本质。

原子核由质子和中子组成，实验表明质子和中子都存在自旋角动量。考虑自旋不为零的粒子，其角动量和相应的磁矩分别用 $\boldsymbol{L}$ 和 $\boldsymbol{\mu}$ 表示，$\boldsymbol{L}$ 和 $\boldsymbol{\mu}$ 满足关系 $\boldsymbol{\mu} = \gamma \boldsymbol{L}$（其中 γ 称为旋磁比，由该粒子的具体种类决定，可正可负）。将该粒子置于外磁场，其受到的力矩将导致角动量发生变化，不难验证磁矩演化满足如下方程：

$$\frac{\mathrm{d}\boldsymbol{\mu}}{\mathrm{d}t} = \gamma \boldsymbol{\mu} \times \boldsymbol{B} \tag{19-1}$$

习惯上取外磁场方向为 z 轴方向，有 $\boldsymbol{B} = B_z \hat{e}_z$，则上述方程对应的分量方程为

$$\frac{\mathrm{d}\mu_x}{\mathrm{d}t} = \gamma \mu_y B_z$$
$$\frac{\mathrm{d}\mu_y}{\mathrm{d}t} = -\gamma \mu_x B_z \tag{19-2}$$
$$\frac{\mathrm{d}\mu_z}{\mathrm{d}t} = 0$$

因此，磁矩在外磁场方向的分量 μ_z 为常量，不随时间发生变化。考虑恒定外磁场情况，上述方程中磁矩沿 x 轴和 y 轴的分量 μ_x、μ_y 的解为

$$\mu_x = \mu_0 \sin(\omega_L t + \delta)$$
$$\mu_y = \mu_0 \cos(\omega_L t + \delta) \tag{19-3}$$

式中，$\omega_L = |\gamma B_z|$ 称为拉莫尔频率。由此可见，在恒定外磁场 $\boldsymbol{B}$ 的作用下，磁矩 $\boldsymbol{\mu}$ 绕外磁场 $\boldsymbol{B}$ 进动。磁矩 $\boldsymbol{\mu}$ 在 xOy 平面上的投影大小保持不变，进动角频率为 $\omega_L = |\gamma B_z|$，进动快慢由外磁

场 B 的强度决定，和磁矩与外磁场之间的夹角无关。考虑微观粒子的核磁矩，$\gamma_N > 0$ 时核磁矩 μ_N 在恒定外磁场中的进动示意图如图 19-1 所示。

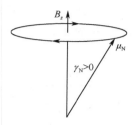

图 19-1　$\gamma_N > 0$ 时核磁矩 μ_N 在恒定外磁场中的进动示意图

如果除 z 轴方向的恒定外磁场外，在 xOy 平面内还施加了磁场 B_1，则此时核磁矩 μ_N 在绕 z 轴方向的恒定外磁场 B 进动的同时，还要绕 xOy 平面内的磁场 B_1 进动。此时，μ_z 不再是常量，其变大还是变小取决于 xOy 平面内磁场与磁矩之间的方向关系，如图 19-2 所示。

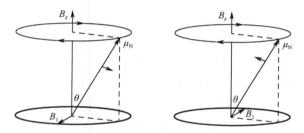

图 19-2　xOy 平面有磁场 B_1 时核磁矩 μ_N 的进动示意图

上述情形仅考虑单个微观粒子，实际实验的研究对象不是单个磁矩，而是大量微观粒子组成的系综，因此需要考虑所有粒子的合磁矩。除此之外，微观粒子并不能孤立存在，而会与周围环境（如真空场、晶格振动带来的声子场等）存在相互作用。首先建立整个系统合磁矩满足的方程。用 M 表示单位体积中微观磁矩的总和，即

$$M = \sum_i \mu_i \tag{19-4}$$

不难验证，M 满足如下方程：

$$\frac{\mathrm{d}M}{\mathrm{d}t} = \gamma M \times B \tag{19-5}$$

因此，M 绕外磁场 B 以角频率 ω_L 进动。

通常情况下，核磁矩与外磁场之间的夹角有多个取值，即核磁矩有多个取向。核磁矩与外磁场耦合带来的附加能量为 $-\mu_N \cdot B$，因此核磁矩的不同取向会带来不同的附加能量。换句话说，由于核磁矩与外磁场的耦合，原来的简并能级发生分裂，这正是超精细结构的塞曼分裂。以氢原子为例，氢原子的核磁矩存在两种取向，如图 19-3 所示。上圆锥面对应负的附加能量，下圆锥面对应正的附加能量。换句话说，在没有引入外磁场时，能级是二重简并的，外磁场的引入导致简并消除，形成两个新的塞曼能级。上圆锥面对应能量较低的塞曼能级，下圆锥面对应能量较高的塞曼能级。

大量氢原子组成的系统由于碰撞等相互作用过程，最终状态一定是熵最大的热平衡状态。此时，各微观粒子由于碰撞等相互作用过程导致彼此之间没有固定的相位关系，而是均匀分

布在上圆锥面和下圆锥面上，故有 $M_{x0}=M_{y0}=0$。上、下圆锥面分别对应简并消除之后的两个塞曼能级，粒子在这两个能级上满足玻尔兹曼分布，所以分布在上圆锥面上的核磁矩要多于分布在下圆锥面上的核磁矩，故有 $M_{z0}=M_0$，且与外磁场方向一致。根据上述分析可以得出结论：在热平衡时，单位体积中的宏观核磁矩只有沿 z 轴方向的分量 $M_{z0}=M_0$，沿 x 轴和 y 轴的分量均为零。

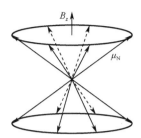

图 19-3　氢原子系统在热平衡时的核磁矩取向分布示意图

　　考虑处于热平衡状态的氢原子组成的系统，假设有某种相互作用驱动该系统（如在 xOy 平面内施加磁场）使其偏离热平衡状态，即使 M_x、M_y 和 M_z 偏离热平衡值。该相互作用结束后，粒子间的碰撞等相互作用过程必将使系统重新回到热平衡状态，即使 M_x、M_y 和 M_z 重新趋于热平衡值，该自发过程称为弛豫过程。M_z 重新趋于热平衡值 M_0 的过程称为纵向弛豫过程，其特征时间称为纵向弛豫时间，用 T_1 表示。M_z 的变化意味着有粒子在不同塞曼能级之间发生跃迁，在这个过程中必然伴随着与外界的能量交换，系统能量不守恒。M_x 和 M_y 重新趋于零的过程称为横向弛豫过程，其特征时间称为横向弛豫时间，用 T_2 表示。M_x 和 M_y 的变化意味着各微观粒子核磁矩之间的相位关系发生变化，各塞曼能级上的粒子分布不发生变化，系统能量守恒。纵向弛豫时间 T_1 与横向弛豫时间 T_2 表征宏观核磁矩各分量重新回到热平衡值的快慢，T_1 的大小取决于自旋系统与晶格或真空电磁场的相互作用，故又称为自旋-晶格弛豫时间。T_2 的大小不仅与 T_1 有关，还与自旋系统中自旋和自旋之间的相互作用有关，故又称为自旋-自旋弛豫时间。在有些情况下，T_2 也称为退相干时间或解相时间。实验表明，M_x、M_y 和 M_z 趋于热平衡值的弛豫过程分别满足如下规律：

$$\frac{\mathrm{d}M_x}{\mathrm{d}t}=-\frac{1}{T_2}M_x$$

$$\frac{\mathrm{d}M_y}{\mathrm{d}t}=-\frac{1}{T_2}M_y \qquad (19\text{-}6)$$

$$\frac{\mathrm{d}M_z}{\mathrm{d}t}=-\frac{1}{T_1}(M_z-M_0)$$

由于各弛豫过程，M_x、M_y 和 M_z 以指数形式衰减。

　　综上所述，考虑弛豫后，单位体积中的宏观核磁矩的演化可以用式（19-7）描述：

$$\frac{\mathrm{d}\boldsymbol{M}}{\mathrm{d}t}=\gamma\boldsymbol{M}\times\boldsymbol{B}-\frac{1}{T_2}(M_x\hat{e}_x+M_y\hat{e}_y)-\frac{1}{T_1}(M_z-M_0)\hat{e}_z \qquad (19\text{-}7)$$

式（19-7）称为布洛赫方程。

　　在进行核磁共振实验时，除在 z 轴方向施加恒定外磁场 $\boldsymbol{B}_z$ 以外，还在 xOy 平面内沿 x 轴或 y 轴方向施加线偏振场 $\boldsymbol{B}_1$（由振荡器产生的射频或微波场），该线偏振场可分解为左旋圆偏

振场和右旋圆偏振场的叠加，即

$$B_x = B_1 \cos \omega t, \quad B_y = \mp B_1 \sin \omega t \tag{19-8}$$

这两个圆偏振场中有一个与核磁矩进动方向是一致的，称为共振场；另一个与核磁矩进动方向相反，称为反共振场。在实验中，只需要考虑共振场的作用，反共振场的作用可以忽略。对于 $\gamma > 0$ 的系统，起作用的是顺时针方向的圆偏振场，即

$$B_x = B_1 \cos \omega t, \quad B_y = -B_1 \sin \omega t \tag{19-9}$$

将式（19-9）代入布洛赫方程，即式（19-7），有

$$\frac{\mathrm{d}M_x}{\mathrm{d}t} = \gamma(M_y B_0 + M_z B_1 \sin \omega t) - \frac{1}{T_2} M_x$$

$$\frac{\mathrm{d}M_y}{\mathrm{d}t} = -\gamma(M_x B_0 - M_z B_1 \cos \omega t) - \frac{1}{T_2} M_y \tag{19-10}$$

$$\frac{\mathrm{d}M_z}{\mathrm{d}t} = \gamma(M_x B_1 \sin \omega t + M_y B_1 \cos \omega t) - \frac{1}{T_1}(M_z - M_0)$$

在各种具体实验条件下求解上述方程，可以解释大部分核磁共振现象。

2. 自由感应衰减

在 z 轴方向的恒定外磁场 $\boldsymbol{B}_z$ 的作用下，宏观磁矩 $\boldsymbol{M}$ 绕 z 轴做拉莫尔进动，角频率为 $\omega_\mathrm{L} = |\gamma B_z|$。如果在 xOy 平面内再加一个角频率为 ω_0 的脉冲射频场 $\boldsymbol{B}_1$，设 $\omega_0 = \omega_\mathrm{L}$，则射频场的共振圆偏振分量的旋转与宏观磁矩 $\boldsymbol{M}$ 的进动完全同步，实现了共振。为了更好地分析射频场 $\boldsymbol{B}_1$ 的作用，引入旋转坐标系 (x', y', z')。相较于实验室坐标系 (x, y, z)，(x', y', z') 坐标系绕 z 轴以角频率 ω_L 旋转。在 (x', y', z') 坐标系中观察宏观磁矩 $\boldsymbol{M}$ 和射频场 $\boldsymbol{B}_1$，两者取向均静止不动。选取射频场 $\boldsymbol{B}_1$ 的方向为 x' 轴方向，在射频场 $\boldsymbol{B}_1$ 的作用下，宏观磁矩 $\boldsymbol{M}$ 绕 x' 轴进动。如果射频场强度保持不变，持续时间为 T，则 $\boldsymbol{M}$ 进动的角度为

$$\theta = \gamma B_1 T \tag{19-11}$$

如果射频场强度是时间的函数，则进动角度为

$$\theta = \int_0^T \gamma B_1(t) \mathrm{d}t \tag{19-12}$$

当 $\theta = \pi/2$ 和 $\theta = \pi$ 时，宏观磁矩 $\boldsymbol{M}$ 在该射频场作用下的适量旋转模型如图 19-4 所示。

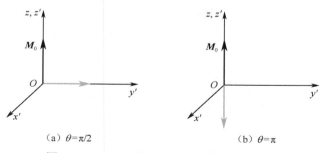

(a) $\theta = \pi/2$ (b) $\theta = \pi$

图 19-4 $\theta = \pi/2$ 和 $\theta = \pi$ 时 M 的进动示意图

在如图 19-5（a）所示的 $\theta = \pi/2$ 的射频脉冲作用下，$\boldsymbol{M}$ 绕 x' 轴进动到 y' 轴。该过程导致 z 轴方向的宏观磁矩发生了变化，意味着微观粒子在射频场的作用下从低能级跃迁至高能级，射频场的能量存储在自旋系统中。该射频脉冲作用完后，$\boldsymbol{M}$ 继续绕 z 轴方向的磁场进动，但

由于弛豫过程，$\boldsymbol{M}$ 在 xOy 平面上的投影随时间以指数形式衰减，衰减速度由横向弛豫时间 T_2 决定，直至为零。与此同时，z 轴方向的宏观磁矩分量逐渐增大，增加速度由纵向弛豫时间 T_1 决定，直至 M_0。换句话说，射频脉冲作用完后，自旋系统由于弛豫过程回到热平衡状态，将脉冲射频场存储在自旋系统中的能量释放出来。在该弛豫过程中，如果在垂直于 z 轴方向上放置一个接收线圈，则可感应出一个射频信号，其频率与进动频率相同，其幅度按指数规律衰减，称为自由感应衰减信号，如图 19-5（b）所示。自由感应衰减信号的形式如下：

$$S(t) = A\exp\left(-\frac{t}{T_2}\right) \tag{19-13}$$

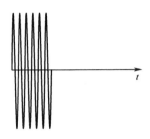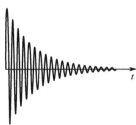

（a）$\theta = \pi/2$ 的射频脉冲　　　　　（b）自由感应衰减信号

图 19-5　$\theta = \pi/2$ 的射频脉冲及其作用下的自由感应衰减信号示意图

在实验中，由于恒定外磁场 $\boldsymbol{B}_z$ 不可能绝对均匀，因此样品中不同位置的核磁矩所处的磁场强度大小有所不同，导致进动频率有差异。实际观察到的自由感应衰减信号是各个不同进动频率的指数衰减信号的叠加。设磁场不均匀导致的等效横向弛豫时间为 T_2'，则总的自由感应衰减信号的衰减速度由 T_2 和 T_2' 共同决定。因此，实际横向弛豫时间可写为

$$\frac{1}{T_2^*} = \frac{1}{T_2} + \frac{1}{T_2'} \tag{19-14}$$

磁场越不均匀，T_2' 越小，T_2^* 也就越小，自由感应衰减信号衰减得越快。

19.3.2　磁共振的量子描述

根据量子力学原理，核角动量 $\boldsymbol{L}_N$ 大小为

$$|\boldsymbol{L}_N| = \sqrt{I(I+1)}\,\hbar \tag{19-15}$$

式中，I 是核自旋量子数，可取 $0, 1/2, 1, 3/2, \cdots$；$\hbar = h/2\pi$ 表示约化普朗克常量。核自旋磁矩与核自旋角动量的关系为

$$\boldsymbol{\mu}_N = \gamma \boldsymbol{L}_N \tag{19-16}$$

当氢核处在外磁场 $\boldsymbol{B}$ 中，核磁矩的取向量子化时，在外磁场方向上的投影只能取以下数值：

$$\mu_z = m_I \hbar \gamma_N \tag{19-17}$$

式中，m_I 称为核自旋磁量子数，有 $I, I-1, \cdots, -I$ 共 $2I+1$ 个取值。核磁矩与外磁场的相互作用能也是不连续的，形成分立的塞曼能级，即

$$E = -\boldsymbol{\mu}_N \cdot \boldsymbol{B} = -\mu_z B_z = -m_I \hbar \gamma_N B_z \tag{19-18}$$

由 m_I 的取值可知，外磁场中分裂的塞曼能级是等间距的，相邻塞曼能级之间的能量差为

$$\Delta E = \hbar \gamma_{\mathrm{N}} B_z = \hbar \omega_{\mathrm{L}} \qquad (19\text{-}19)$$

对于氢核，$I = 1/2$，故 $m_I = \pm 1/2$，分裂为两个塞曼能级，如图 19-6 所示。

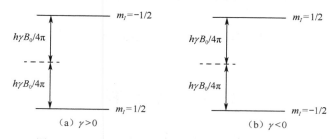

图 19-6 $I = 1/2$ 粒子在外磁场中的能级分裂示意图

当 xOy 平面内存在一个射频场，其频率满足 $\hbar \omega_0 = \Delta E$（或者 $\omega_0 = \omega_{\mathrm{L}} = \gamma_{\mathrm{N}} B_z$）时，将发生磁偶极共振跃迁，其选择定则为 $\Delta m_I = \pm 1$，即受激辐射与受激吸收只发生在相邻的塞曼能级之间。由爱因斯坦电磁辐射理论可知，受激辐射与受激吸收发生的概率相等。在磁共振中，共振跃迁发生在塞曼能级之间，彼此的能量差很小，自发辐射完全可以忽略。

在热平衡时，塞曼能级上的粒子数遵从玻尔兹曼分布，即

$$\frac{N_{20}}{N_{10}} = \exp\left(-\frac{\Delta E}{k_{\mathrm{B}} T}\right) \qquad (19\text{-}20)$$

式中，N_{20}、N_{10} 表示上、下能级的粒子数；k_{B} 表示玻尔兹曼常数；T 表示温度。在一般实验条件下，$\Delta E \ll k_{\mathrm{B}} T$，因此近似有

$$\frac{N_{20}}{N_{10}} \approx 1 - \frac{\Delta E}{k_{\mathrm{B}} T} = 1 - \frac{\hbar \gamma_{\mathrm{N}} B_z}{k_{\mathrm{B}} T} \qquad (19\text{-}21)$$

不难求得热平衡时上、下能级的粒子数差为

$$n_0 = N_{10} - N_{20} \approx \frac{\hbar \gamma_{\mathrm{N}} B_z}{2 k_{\mathrm{B}} T} N \qquad (19\text{-}22)$$

式中，N 表示粒子总数。对于氢核，在室温（300 K）条件下，当磁场强度为 1 T 时，有

$$n_0 \approx 0.000\,003\,4 N \qquad (19\text{-}23)$$

虽然上、下能级粒子数差很小，但当 N 很大时，仍可提供观察核磁共振信号的可能性。由上述分析可得出结论：磁场越强，上、下能级粒子数差越大，越有利于观察核磁共振信号；温度越高，上、下能级粒子数差越小，越不利于观察核磁共振信号。

19.3.3 共振信号的提取

根据上述共振图像可知，当射频场的频率在磁矩进动拉莫尔频率附近时，可形成近共振激发。因此，要观察核磁共振吸收信号，有两种方法：一种是固定 z 轴方向的磁场 B_z，让射频场 B_1 的频率 ω_0 连续变化通过共振区域，当 $\omega_0 = \omega_{\mathrm{L}} = \gamma_{\mathrm{N}} B_z$ 时，即可出现共振吸收峰，这种方法称为扫频方法；另一种是固定射频场频率 ω_0，而让磁场 B_z 连续变化通过共振区域，这种方法称为扫场方法。考虑技术方面的因素，一般采用扫场方法。扫场方法是指在稳恒磁场 B_z 上叠加一个交变低频调制磁场 $B_{\mathrm{m}} \sin 2\pi \nu t$，即

$$B = B_z + B_{\mathrm{m}} \sin 2\pi \nu t \qquad (19\text{-}24)$$

当满足磁共振条件时，就能观察到核磁共振信号。

19.4　实验装置

本实验采用 GY-3DNMR-10 三维核磁共振实验仪，其由恒温磁铁、电源、主机、计算机和操作软件组成。

19.5　实验内容

（1）观察水样品和油样品中质子的共振信号：将装有水样品和油样品的探头置于固定磁场 B_z 中心处，并使探头线圈轴线与 B_z 垂直。缓慢改变 B_z、ω_0、B_1 的大小，观察共振信号。

（2）观察水样品和油样品的自由感应衰减信号。

（3）对样品进行二维成像。

19.6　思考与讨论

（1）纵向弛豫和横向弛豫的物理本质是什么？

（2）如何控制宏观磁矩的偏转角？

（3）查阅资料，了解并掌握自旋回波物理图像，思考用自旋回波是否可确定系统横向弛豫时间。如果可以，请进一步讨论如何确定。

参考文献

[1] 钱政，王中宇，刘桂礼. 测试误差分析与数据处理[M]. 北京：北京航空航天大学出版社，2008.

[2] 杨旭武. 实验误差原理与数据处理[M]. 北京：科学出版社，2009.

[3] 吴思诚，王祖铨. 近代物理实验[M]. 北京：北京大学出版社，1995.

[4] 李保春，周海涛，马杰. 近代物理实验[M]. 北京：科学出版社，2019.

[5] 褚圣麟. 原子物理学[M]. 北京：人民教育出版社，1979.

[6] 冯郁芬. 近代物理实验[M]. 北京：陕西师范大学出版社，1988.

[7] 沙振舜. 近代物理实验[M]. 南京：南京大学出版社，2002.

[8] 陈彦. 大学物理实验[M]. 北京：电子工业出版社，2004.

[9] 钟立晨，丁海曙. 分子光谱与激光[M]. 北京：电子工业出版社，1987.

[10] 李云奇. 真空镀膜[M]. 北京：化学工业出版社，2012.

[11] 王治乐. 薄膜光学与真空镀膜技术[M]. 哈尔滨：哈尔滨工业大学出版社，2013.

[12] BINNIG G，ROHRER H，GERBER C，et al. Surface Studies by Scanning Tunneling Microscopy[J]. Physical Review Letters，1982，49：57-61.

[13] 白春礼. 扫描隧道显微术及其应用[M]. 上海：上海科学技术出版社，1992.

[14] BINNIG G，ROHRER H，GERBER C，et al. Tunneling through a controllable vacuum gap[J]. Applied Physics Letters，1982，40：178-180.

[15] BARDEEN J. Tunnelling from a Many-Particle Point of View[J]. Physical Review Letters，1961，6：57-59.

[16] 章志鸣，沈元华，陈惠芬. 光学[M]. 2 版. 北京：高等教育出版社，2000.

[17] 杨于兴，漆璿. X 射线衍射分析[M]. 2 版. 上海：上海交通大学出版社，1994.

[18] 杨福家. 原子物理学[M]. 上海：上海科学技术出版社，1986.

[19] 裘祖文. 电子自旋共振波谱[M]. 北京：科学出版社，1980.

[20] 柯以侃. ATC 007 紫外-可见吸收光谱分析技术[M]. 北京：中国标准出版社，2013.

[21] 黄君礼，鲍治宇. 紫外吸收光谱法及其应用[M]. 北京：中国科学技术出版社，1992.

[22] 周言凤，王祝，漆寒梅. 光谱分析技术[J]. 北京：化学工业出版社，2022.

[23] 林木禾. 卡斯特勒和光磁共振[J]. 物理实验，1985，5（6）：239-242，238.

[24] 于美文. 光学全息与信息处理[M]. 北京：国防工业出版社，1984.

[25] 翁斯灏. 电子自旋共振中的 g 因子[J]. 物理实验，1992，12（5）：238-240.

[26] 张天喆，董有尔. 近代物理实验[M]. 北京：科学出版社，2004.

[27] 沈致远. 微波技术[M]. 北京：国防工业出版社，1980.

[28] 黄志洵. 微波技术五十年史[J]. 自然辩证法通讯，1987，9（5）：39-47.

[29] 徐广智. 电子自旋共振波谱基本原理[M]. 北京：科学出版社，1978.

[30] PAN S H，HUDSON E W，DAVIS J C. 3He refrigerator based very low temperature scanning tunneling microscope[J]. Review of Scientific Instruments，1999，70：1459-1463.